玩味
COOK FUN
玩赏美味生活

U0209099

家庭烘焙制作大全

[韩] 李智惠◆著　　李艳◆译

河北科学技术出版社

前言

听说幸福是甜点的味道。

独享或是共享甜点，

都不只是味蕾的狂欢。

鲜美、柔软、一品难忘……

是水果又是点心，

舍不得吃掉又怕化掉，

甜点，是满怀真诚的美味。

一人独享的快乐，

二人分享的甜蜜，

三个人时，甘与醇在口中蔓延。

甜点配上红酒或咖啡，

甜蜜的絮语给人慰藉，

认真生活的人总散发着独特魅力。

现在向大家推荐，

林荫道、江南、弘大、梨泰院、三清洞等首尔地区的美味甜品。

李智惠

目录

cuoca

第四章 梨泰院

第五章 三清洞

烘焙的基础准备

···› 提前将黄油和鸡蛋从冰箱中取出

平时黄油和鸡蛋是储存在冰箱中的，需要在烘焙前一小时将其取出，放在室温下回温，方便使用。制作饼干、玛芬、磅蛋糕时，冰冷的材料无法很好地融合（黄油、白砂糖、蛋液按顺序放入搅拌），冰冷的蛋液会与油脂类物质（黄油）分离。提前将黄油放置在室温下，手指轻压黄油，如果出现凹陷说明软化完成。此外，奶油奶酪等用于涂抹的材料需要放置到冰箱中冷藏后再使用。

···› 准备工具

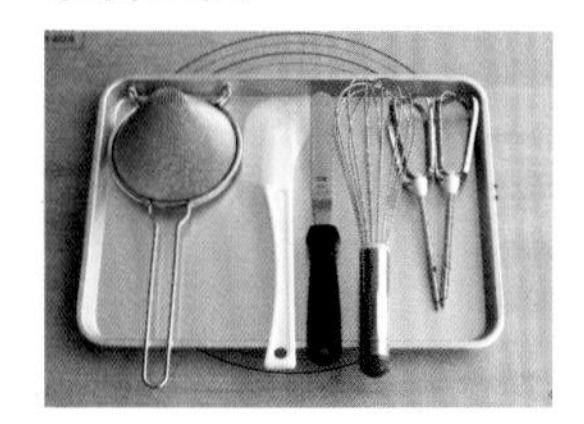

提前准备好烘焙用具，烘焙时就能更得心应手。需要提前准备好刮刀、电动打蛋器、手动打蛋器、搅拌碗等基本工具。

···› 材料称重和面粉过筛

烘焙前最重要的一个步骤就是材料称重。如果仅靠目测估算或是随心所欲加入材料，是无法成功制作出甜点的。烘焙成功的第一要素就是对材料进行精准称重，所以需要计量准确的电子秤。称面粉时，如果没有特别说明，需要提前将面粉过筛1到2次。面粉过筛时，需要抬高面粉筛，以便让面粉混入更多的空气，变得更加蓬松。

···› 准备模具

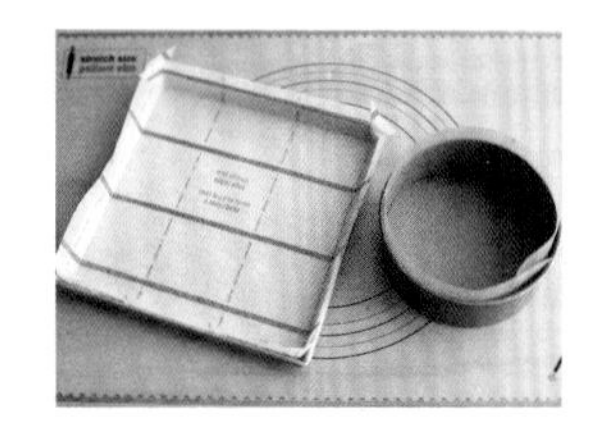

根据制作甜点的种类不同，选择不同模具，并提前将锡纸或油纸按照模具的大小裁剪好。如果不提前准备好，在制作蛋糕卷或海绵蛋糕时，面糊会由于长时间放置而消泡。提前准备好模具，并垫上锡纸或油纸，倒入面糊，置于烤箱内，烘焙效果最佳。制作玛德琳和费南雪蛋糕时，需要将黄油均匀地涂抹在模具内壁上，放入冰箱冷藏后再取出烘烤。如果直接使用烤盘，则需要在烤盘上铺好油纸后再使用。

烘焙的基本用语

···› 盐少许

很多情况下，盐的用量不到1克，因此使用“少许”一词来形容盐量。一般来说，所谓的“少许盐”就是拇指和食指轻轻捏起的盐量。

···› 预热烤箱

面糊放入烤箱之前，要将烤箱预热至一定温度。如果不预热烤箱就放入面糊，由于烤箱内的温度过低，会导致面团开裂或者不能很好地膨胀，因此一定要预热烤箱。预热烤箱时将温度调到所需温度，一般预热5到10分钟即可。

···› 冷藏面团

制作司康饼、饼干和蛋挞皮时需要先将面团冷藏。冷藏的目的是保湿，用保鲜膜将面团裹住，放入冰箱冷藏30分钟至1小时。冷藏面团可以让面团内的各种成分更好地融合在一起，方便后期制作，同时在烘烤时不会收缩。

···› 隔水加热

熔化巧克力、黄油一类的材料时，如果直接用火加热，容易焦煳，所以需要采用隔水加热的方法。隔水加热熔化材料时，最好选用导热效果好的不锈钢容器盛装材料。

···› 熬煮黄油

将固体黄油熔化为液体有两种方法，一是隔水加热，二是熬煮。隔水加热只是单纯将黄油熔化，熬煮黄油则是要将黄油中的水分蒸干，直到黄油变为淡褐色为止，再去除其中的杂质。熬煮好的黄油被称为“褐色黄油”，会散发出浓浓的榛子香味，制作出的甜点味道会更香醇。褐色黄油会有一些杂质，因此在使用前要注意去除杂质。

烘焙的基本工具

面粉筛

面粉筛是去除面粉、杏仁粉、泡打粉等粉类材料中杂质的工具。烘焙前最重要的基础步骤之一就是将面粉过筛，使其混入更多空气，变得更蓬松。如果面粉中加入了泡打粉、小苏打，一定要过筛，去除结块和杂质。

电动打蛋器和手动打蛋器

打发蛋白时，手动打发费时费力，使用电动打蛋器就方便多了。电动打蛋器还能将黄油、白砂糖、鸡蛋混合得更均匀。手动打蛋器偶尔也会用到，所以准备1到2个即可。

电子秤

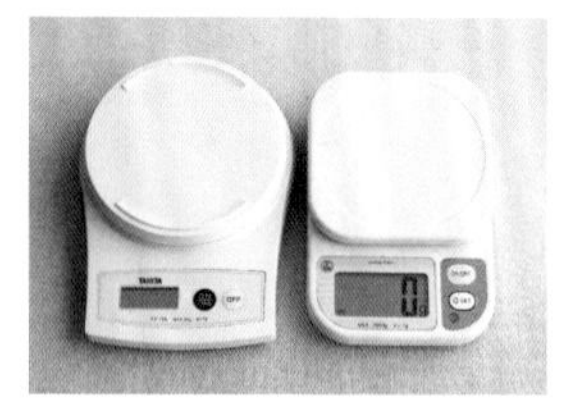

说烘焙是一门科学并不夸张，只有准确地称重材料才能够保证烘焙的成功，因此电子秤是十分重要的一种工具。家庭烘焙时，一般使用精确到克的电子秤。

量杯和量勺

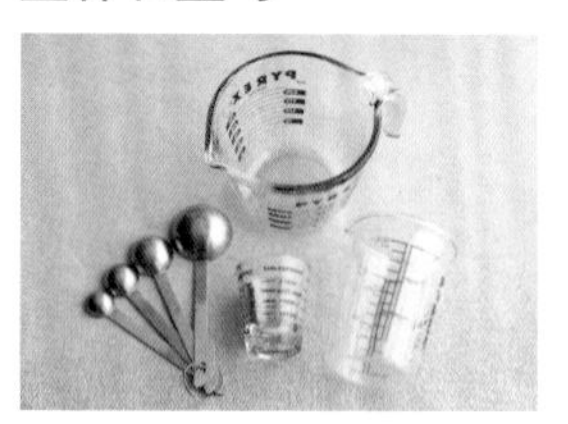

虽然说电子秤是最重要的计量工具，但在称少量材料或液体时，使用量杯、量勺会更加方便。

搅拌碗

搅拌碗是搅拌材料需要用到的工具。搅拌碗一般有导热性强、重量轻的不锈钢碗和耐热性强的玻璃碗两种。准备不同大小的搅拌碗，方便使用。

硅胶刮板

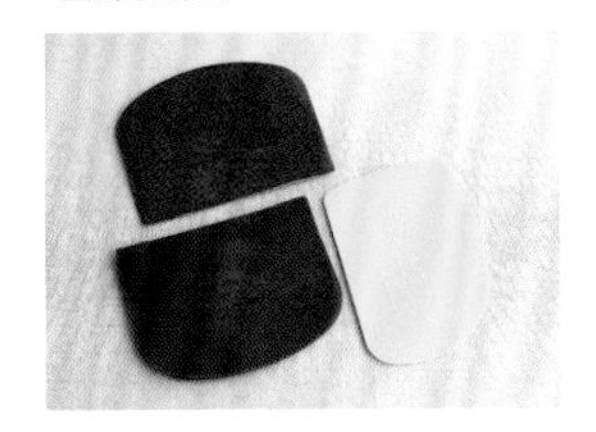

硅胶刮板用于混合黄油和面粉。由于硅胶刮板的一侧是弯曲的，在搅拌碗中混合材料时更加方便。

晾网

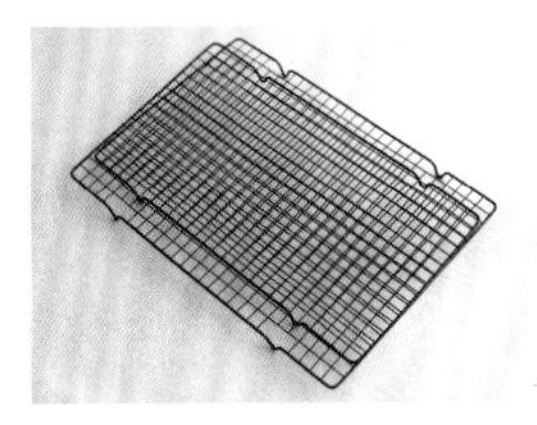

放在模具中的饼干或蛋糕烤好后，并不是直接放在模具中冷却的，而是需要脱模，放在晾网上冷却。如果直接将甜品放在模具中冷却，模具的余热会使甜品水分蒸发，因此需要脱模后放在晾网上冷却。

高温油布、锡纸、油纸

这是3种铺在烤盘上烘烤饼干或蛋糕的烘焙工具。高温油布具有耐高温的特点，可以反复使用，还容易清洗。锡纸可以根据模具大小裁剪成合适的尺寸使用。油纸是一次性的，使用时可以根据模具大小任意裁剪，还可以用作包装纸。

铲子

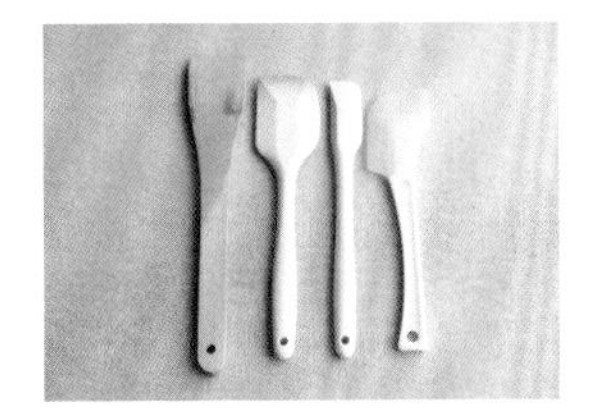

铲子用来搅拌材料或刮取粘在搅拌碗内壁上的材料。在制作果酱、焦糖时一般会使用耐热性更强的硅胶铲。

食物料理机

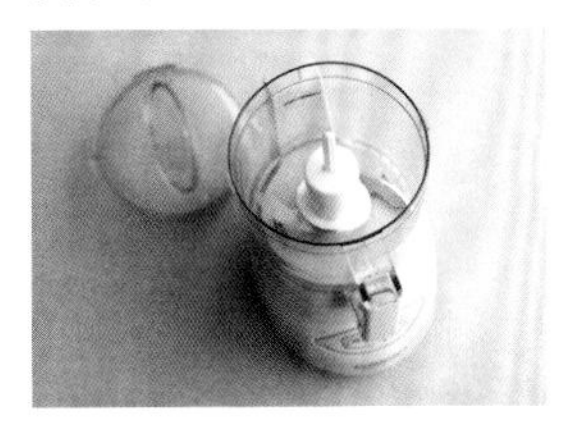

使用食物料理机或粉碎机可以轻松将各种材料打碎混合，在制作甜品时使用料理机能提供极大的便利。

其他工具

擀面杖是用来碾压面团的烘焙工具；刮刀可以将蛋糕表面的奶油抹平；刷子用来涂抹糖浆等材料。此外，还需要准备裱花袋和1到2个裱花嘴。市场上可以买到可重复使用的裱花袋，但在家庭烘焙中还是使用一次性的裱花袋比较方便。

烘焙的基本材料

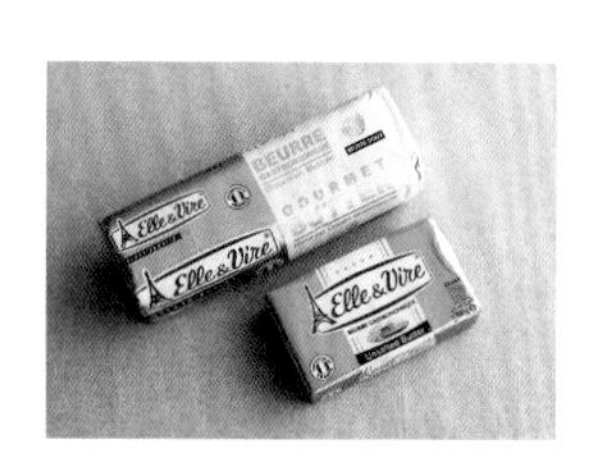

···› 黄油

黄油是烘焙的基本材料，其中无盐黄油能够应用于本书所有的制作配方中。动物黄油相比价格比较便宜的植物黄油，味道更好，因此烘焙时一般使用动物黄油。

···› 鸡蛋

烘焙要使用新鲜的鸡蛋。一个鸡蛋的蛋液重52~54g，在一般的烘焙食谱中，这一个鸡蛋的蛋液就足够了，但有时也会根据具体情况使用不同数量的鸡蛋。

···› 面粉

面粉是烘焙中必不可少的一种材料。根据其蛋白质含量的比例，可以分为高筋面粉、中筋面粉和低筋面粉。虽然在制作甜点时，有时也会使用高筋面粉和中筋面粉，但主要还是使用低筋面粉。

···› 糖

与面粉一样，糖也是烘焙中必不可少的材料。在制作甜点时，糖会影响甜品的外形和色泽。黄砂糖会改变食物的色泽和味道，糖粉可以使甜品的口感更加绵软。有的人为了减弱蛋糕的甜味，将糖量减少一半，但这样往往无法做出好吃的蛋糕，如果不喜欢太甜的蛋糕，将糖量减少10%即可。

···› 膨松剂

制作面包和蛋糕时使用的膨松剂主要有泡打粉和小苏打两种。不管是泡打粉还是小苏打，都需要计算好使用量，与面粉一起过筛后再使用。如果膨松剂不过筛直接放入面糊中，就无法与面糊混合均匀，做出的蛋糕会发苦。

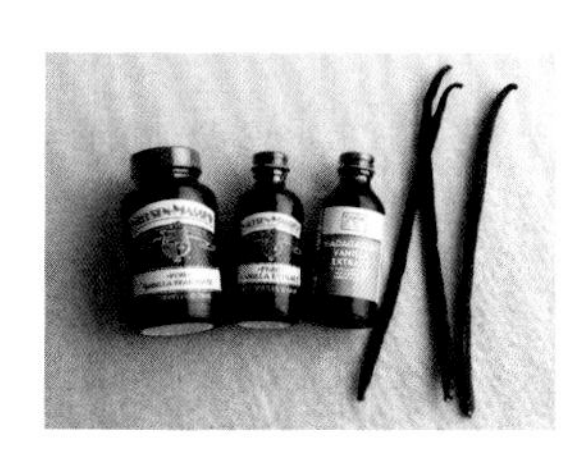

⋯› 香草精

香草籽在烘焙时能够增加甜点的香味。将香草豆荚用小刀纵向对切开，刮出里面的籽就可以拿来用了，如果没有香草豆荚，也可以用市售的香草精代替。

⋯› 鲜奶油和马斯卡彭奶酪

由于植物奶油味道不佳，烘焙时往往使用乳脂含量高的动物奶油。马斯卡彭奶酪是制作提拉米苏的重要材料，奶香味浓郁。马斯卡彭奶酪可以作为蛋糕卷的内馅，同时还可以与鲜奶油混合制作成乳脂含量更高、味道更鲜美的奶油，用来装饰蛋糕。马斯卡彭奶酪开封后保质期非常短，须尽快用完。

⋯› 坚果类和干果类

烘焙时经常使用的坚果是杏仁和核桃。坚果如果开封后放置时间过长，就会产生哈喇味，所以需要密封冷冻保存。使用坚果前，只需要用干燥的小锅稍微炒一下或用烤箱烤一下即可。干果类主要包括蔓越莓干和葡萄干。柔软的干果可以直接使用，略微干瘪的干果需要在热水中煮3~5分钟后再使用，也可以提前用朗姆酒浸泡。

⋯› 巧克力

烘焙时用的是烘焙专用巧克力，可以直接放入面糊中，也可以加热熔化后使用。烘焙专用巧克力有粒状的和纽扣状的，大体上分为白巧克力、牛奶巧克力和黑巧克力。黑巧克力根据可可含量的不同味道略有差别，烘焙时往往使用口味偏甜的黑巧克力。

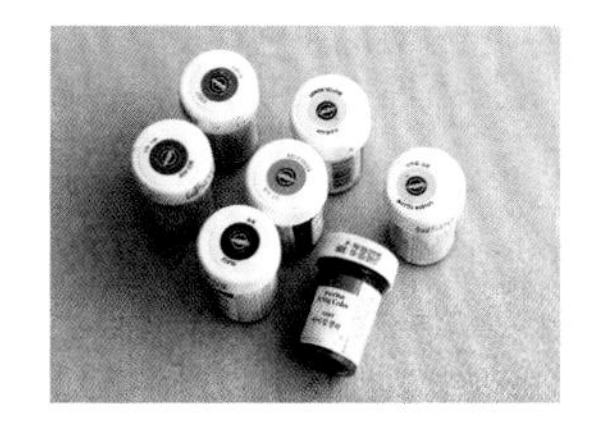

⋯› 食用色素

制作流行的马卡龙和彩虹蛋糕时，往往会用到食用色素。食用色素也非常容易买到。一般只需要使用不到1g的食用色素就可以染出漂亮的颜色。

烘焙的基本模具

···› 圆形蛋糕模

圆形蛋糕模按尺寸主要分为直径15cm、18cm、21cm三种。制作方便食用或用作礼物的蛋糕时，通常会选用15cm、18cm的模具。大部分模具表面都会有涂层，方便脱模，但最好将油纸垫在模具表面，这样蛋糕更容易脱模。

···› 磅蛋糕模

磅蛋糕模是烘烤磅蛋糕时所使用的模具。这种模具导热性好，利于磅蛋糕受热膨胀。除了基本的磅蛋糕模外，还有超薄型的磅蛋糕模和小尺寸的磅蛋糕模。

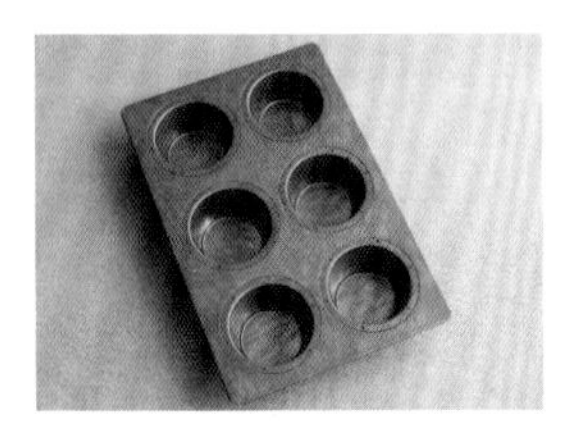

···› 杯子蛋糕连模

最基础的杯子蛋糕连模的表面直径是7cm。一般家庭使用小型烤箱，所以用杯子蛋糕6连模即可，若烤箱够大，也可用杯子蛋糕12连模。一般购买杯子蛋糕连模时会有配套的纸模具。可以根据自己的喜好选择不同尺寸的杯子蛋糕连模。

···› 挞模

挞模边缘呈波纹状，高度不高，这样挞做好后非常容易脱模。在选购挞模时需要选购表面涂层质量好的模具。制作礼品用糕点时往往使用直径20cm的模具，制作小巧可爱的挞时就可以选择直径13cm的模具。

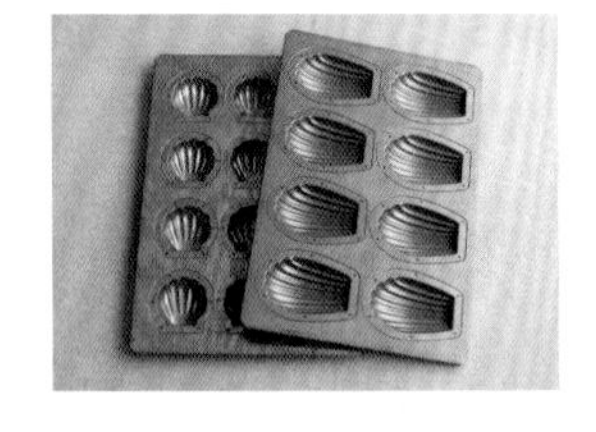

···› 玛德琳连模

玛德琳蛋糕的表面有突出的条纹，要烘烤出优美的条纹和美丽的色泽，除了要注意和面，还须选择导热性好的模具。家庭烘焙时，准备2到3个玛德琳6连模或玛德琳8连模即可。

···› 异形蛋糕模

异形蛋糕模主要用来烘焙黄油含量高的磅蛋糕，也可以制作圣诞蛋糕或礼品蛋糕。有的模具涂层效果一般，使用前需要在模具内壁刷上一层液体黄油，这样有利于蛋糕脱模。

···› 烟囱模

戚风蛋糕烘烤完成后容易塌陷，所以在制作时需要用专门的烟囱模。烤完后需要将模具倒扣冷却，模具中心的烟囱要比模具边缘略长，倒扣蛋糕时，为了不使蛋糕掉落，需要选择无涂层的模具。蛋糕脱模时，需要用轻薄小刀，轻轻地沿着蛋糕模壁，分离蛋糕与模具。

···› 饼干切模

最基础的饼干切模是圆形的，根据需求，有不同尺寸的切模，制作饼干、迷你挞、司康饼时可以选择不同形状的饼干切模。同时可以根据自己的喜好购置不同形状的饼干切模，用来制作可爱又好吃的饼干。

···› 方形烤盘

正方形的烤盘是制作蛋糕卷的专用模具。如果烤盘不是正方形的，就无法制作出形态大小一致的蛋糕卷。烘烤蛋糕片时，要求下层烘烤得湿润、柔软一些，所以需要选用材质较为厚实的模具。如果没有方形烤盘，也可以使用与之相似的烤盘。

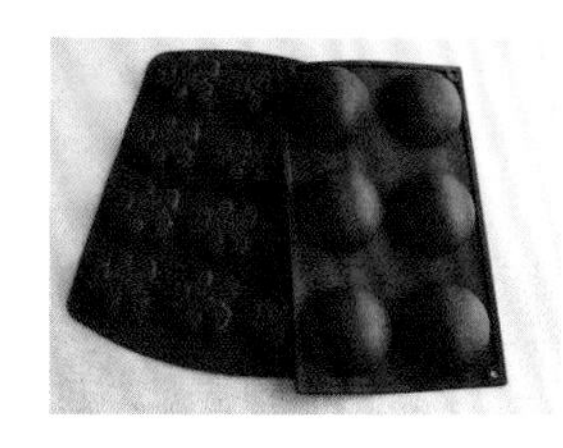

···› 硅胶模具

硅胶模具有很好的耐热性，与一般的铁质模具相比更精巧，种类也更多。硅胶模具不仅可以用来烘烤面包，还可以用来制作慕斯一类的冷甜点。

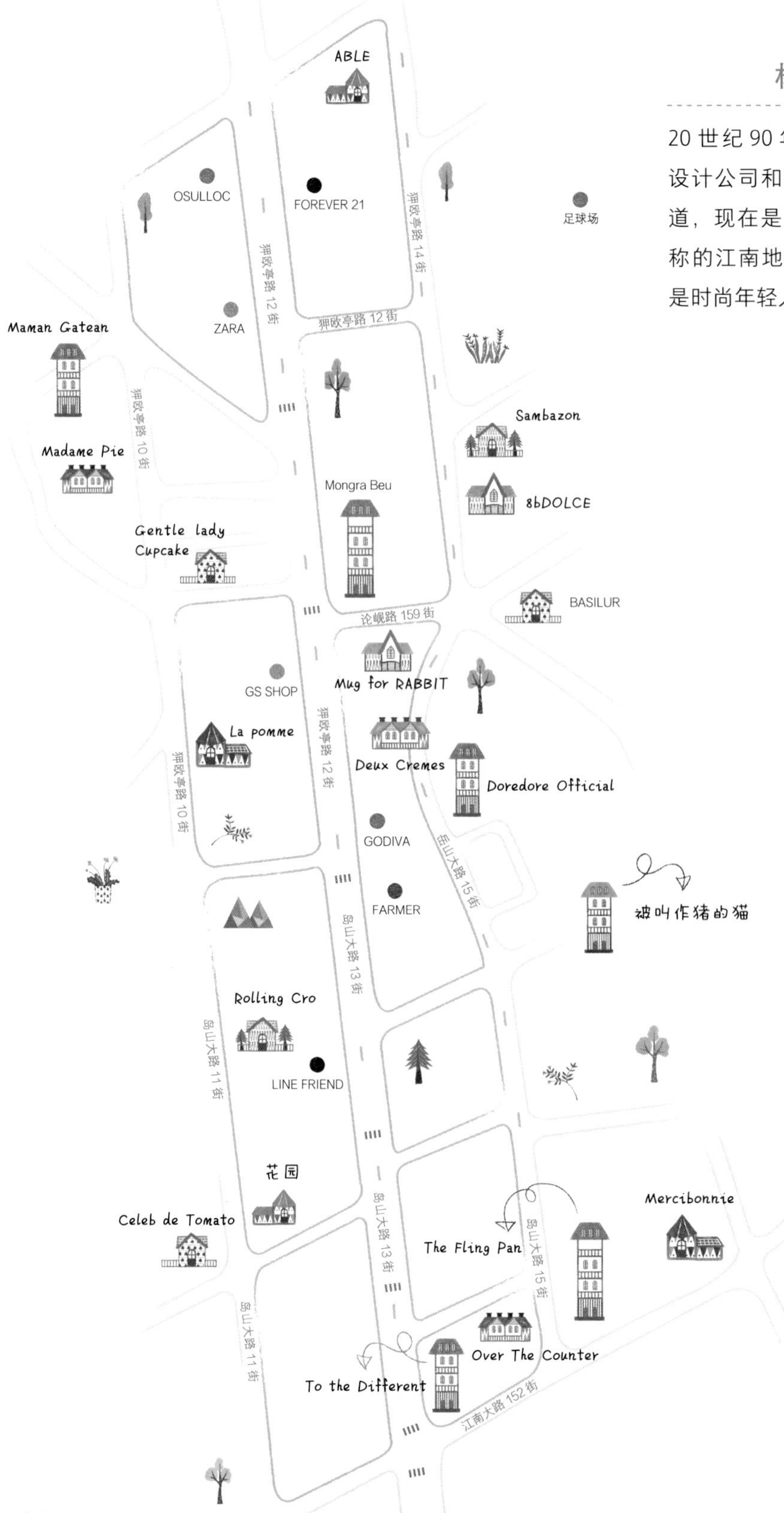

林荫道

20 世纪 90 年代，这里是平面设计公司和画廊林立的艺术街道，现在是有“江南明洞”之称的江南地区最繁华的街道，是时尚年轻人最新的聚集地。

第一章

林荫道

曲奇泡芙

青葡萄挞

摩卡巧克力蛋糕

巧克力慕斯蛋糕

蓝莓蛋挞

圣诞树饼干

布列塔尼三色酥饼

彩虹蛋糕

草莓杯子蛋糕

南瓜派

抹茶蛋糕

鲜奶油蛋糕卷

抹茶磅蛋糕

番茄提拉米苏

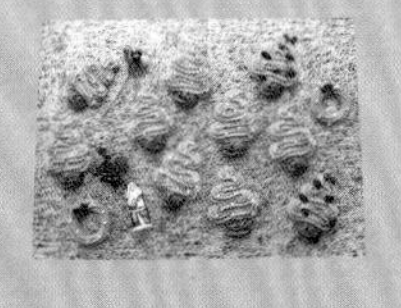

曲奇泡芙

由于泡芙内含有卡仕达奶油，而卡仕达奶油非常容易变质，因此不能长时间保存，只能冷藏保存一天。要想长时间保存，需要冷冻处理。

材料〔直径 4.5cm 的曲奇泡芙 10 个〕

卡仕达奶油

牛奶…………………… 250g
蛋黄…………………… 40g
白砂糖 A…………………… 60g
玉米淀粉…………………… 20g
香草豆荚…………………… 1/2 根
鲜奶油…………………… 150g
白砂糖 B…………………… 10g
香草精…………………… 少许

泡芙皮

水…………………… 50g
牛奶…………………… 50g
黄油…………………… 40g
盐…………………… 1.5g
白砂糖…………………… 1.5g
低筋面粉…………………… 50g
鸡蛋…………………… 85g

曲奇面团

黄油…………………… 50g
白砂糖…………………… 25g
黄砂糖…………………… 25g
盐…………………… 少许
低筋面粉…………………… 65g
香草籽…………………… 少许
手粉…………………… 少许

装饰

糖粉…………………… 少许

●工具

手动打蛋器，搅拌碗，面粉筛，硅胶铲，小锅，小盆（比搅拌碗稍大），保鲜膜，烤盘，裱花袋，直径 1cm 的裱花嘴，圆形饼干切模，油纸，擀面杖

制作方法

制作曲奇面团。在搅拌碗中放入软化的黄油、白砂糖、黄砂糖、香草籽，筛入低筋面粉和盐，搅拌均匀。

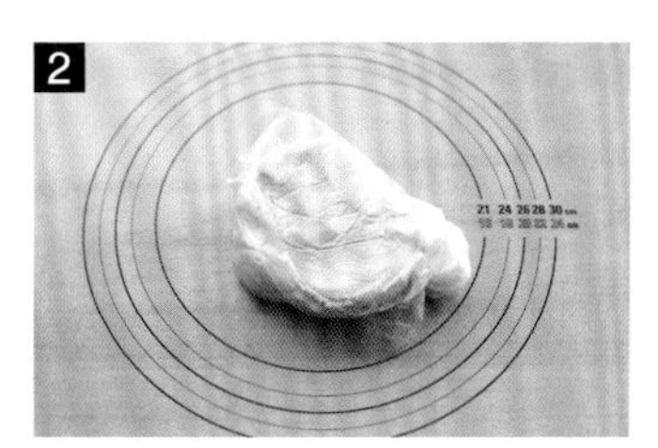

揉搓面团，直到面团中无干粉残留，用保鲜膜包裹，放入冰箱静置一小时。

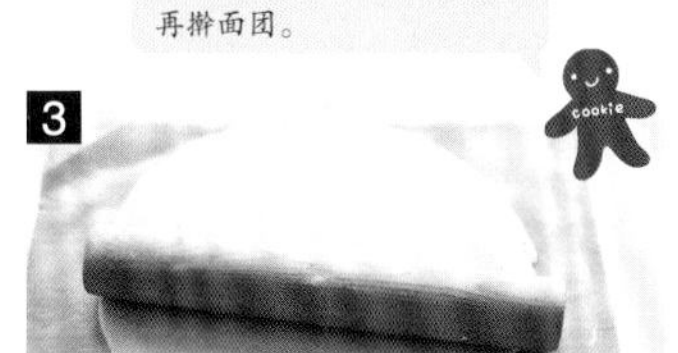

在案板上铺上大小合适的油纸，并在油纸上撒上少许面粉，将揭掉保鲜膜的面团放在油纸上，用擀面杖将面团擀成 1.5~2mm 厚的圆形面片，用直径 5cm 饼干切模压出圆形，使用前放入冰箱冷藏。

制作泡芙皮。在小锅中倒入牛奶、水、黄油、盐、白砂糖。

用中火或大火熬至黄油完全熔化呈糊状即可。这一步对于做好泡芙至关重要。

关火，筛入低筋面粉。

用硅胶铲快速搅拌均匀，然后边开中火加热边搅拌。

当小锅内壁上出现白色薄膜时，将面块按压成团，关火。

将面团放入搅拌碗内，先倒入一半蛋液，搅拌均匀，剩下的蛋液再分几次倒入，继续搅拌均匀，直至面糊变得细腻柔滑，提起铲子时有倒三角形悬挂即可。

8

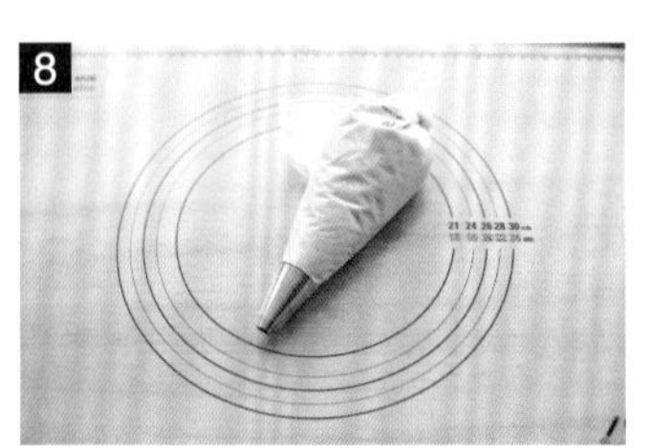

将面糊放入装有直径 1cm 圆形裱花嘴的裱花袋中。

9

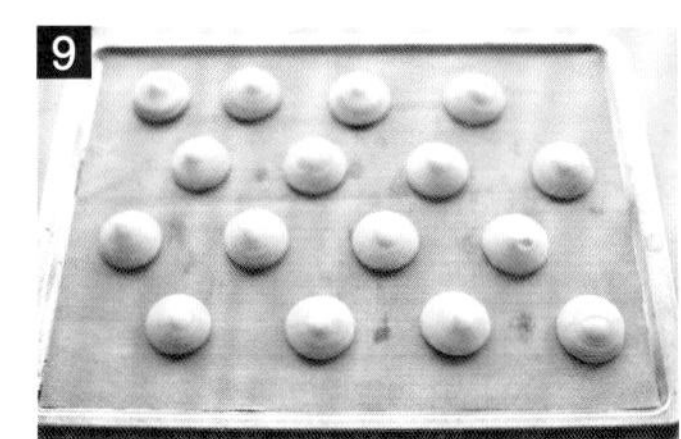

烘烤过程中请不要打开烤箱哦。

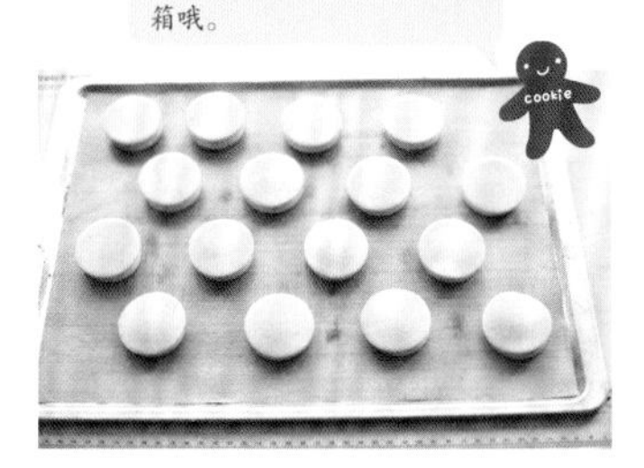

烤盘上铺上大小合适的油纸，在油纸上挤出直径 4~4.5cm 的面糊。拿出冰箱中的曲奇面团，放在面糊上，放入预热至 180℃的烤箱内烘烤 25~30 分钟。

10

制作卡仕达奶油。牛奶中加入香草籽，用小火煮至微沸。

11-1

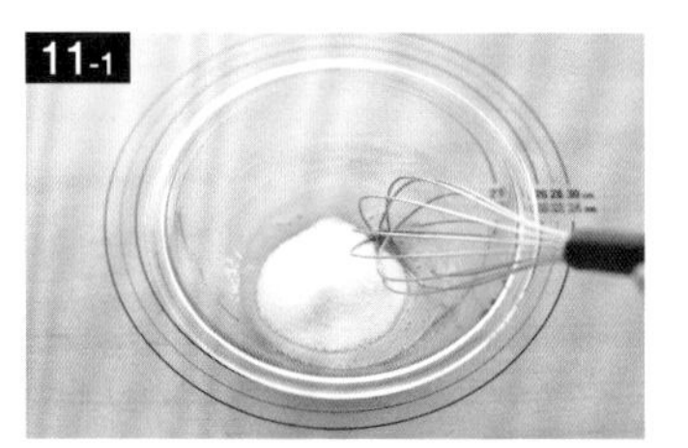

在搅拌碗中放入蛋黄、白砂糖 A，搅拌均匀后再放入玉米淀粉，继续搅拌均匀。

11-2

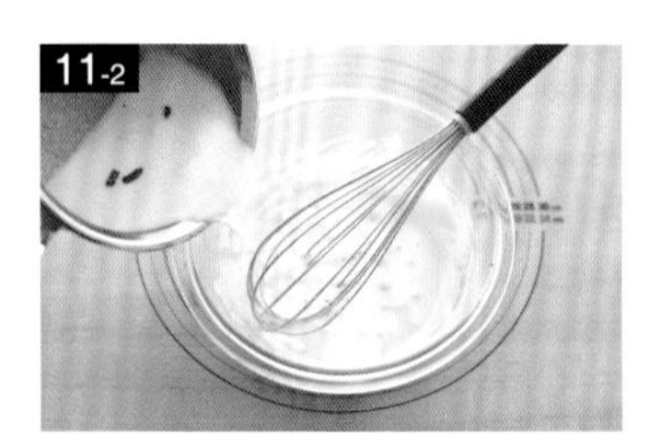

倒入煮好的香草牛奶，搅拌均匀。

12

将混合后的液体筛入小锅中。

13-1

开中火，继续熬煮，并用打蛋器不断搅拌，以防煳锅。

13-2

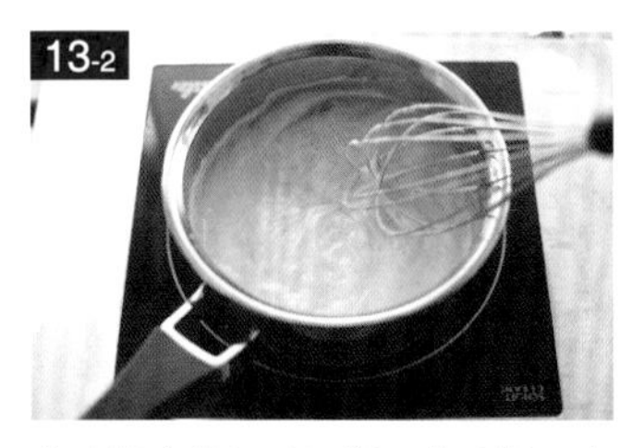

当小锅中的奶油柔顺、有光泽，出现气泡时即可。

14

将蛋奶糊倒入烤盘中，放凉，用保鲜膜盖好，放入冰箱冷却后再使用。

15-1

打发鲜奶油。将鲜奶油倒入搅拌碗中，将搅拌碗碗底浸入冰水中，直到鲜奶油出现泡沫。

然后加入白砂糖 B 和香草精，用电动打蛋器快速搅打。直到鲜奶油表面出现清晰纹路即可。

将冷藏后的蛋奶糊放入搅拌碗中，搅拌均匀。防止在混入鲜奶油时结块。加入鲜奶油后，用硅胶铲搅拌均匀。

卡仕达奶油完成。

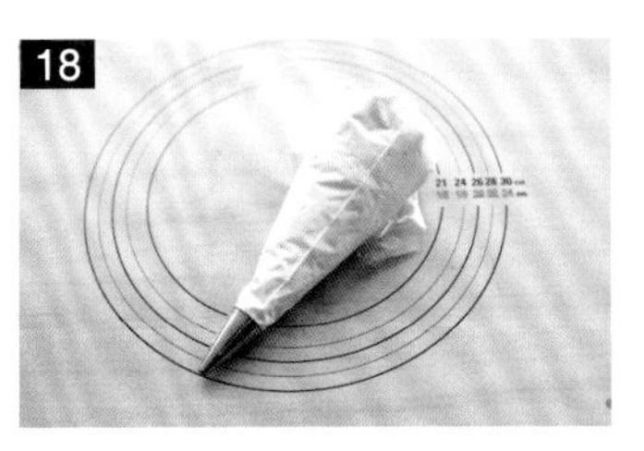

将卡仕达奶油填入装有小口径裱花嘴的裱花袋中。

用一个小裱花嘴在曲奇泡芙的底部戳一个洞。

用裱花袋将奶油挤入曲奇泡芙中，放入冰箱冷藏一下，取出后撒上糖粉即可食用。

青葡萄挞

最好使用可以连皮一起吃的青葡萄，也可以使用其他连皮吃的葡萄。做好后放入冰箱冷藏 30 分钟以上再品尝，味道会更棒。

材料〔直径 14cm 的挞 2 个，或直径 21cm 的挞 1 个〕

青葡萄…………………………1 串
明胶（或杏酱）………… 少许
水………………………… 少许

挞皮

黄油………………………… 80g
糖粉………………………… 40g
盐………………………… 少许
鸡蛋………………………… 28g
低筋面粉………………… 130g
杏仁粉…………………… 20g
香草籽…………………… 少许
蛋液……………………… 少许

＊和面时防粘用的手粉少许。

卡仕达奶油

牛奶……………………… 250g
蛋黄………………………… 45g
白砂糖……………………… 60g
玉米淀粉…………………… 28g
香草豆荚……………… 1/4 根
吉利丁片…………………… 2g
鲜奶油……………………… 80g

奶油奶酪

马斯卡彭奶酪………… 100g
鲜奶油……………………100g
白砂糖……………………… 12g

●工具

搅拌碗，不锈钢小方盒，打蛋器，面粉筛，小锅，硅胶铲，刮刀，挞模，叉子，擀面杖，塑料膜（或保鲜膜），重石（用米或者豆子），锡箔纸（或油纸），烤盘，刀，裱花袋，圆形裱花嘴，刷子，烤盘，硅胶刮板

制作方法

制作挞皮。将低筋面粉、杏仁粉、糖粉、少许盐、香草籽一起筛入搅拌碗中，放入软化的黄油块，用硅胶刮板切拌。

用双手将黄油和面粉揉搓混合成颗粒状。

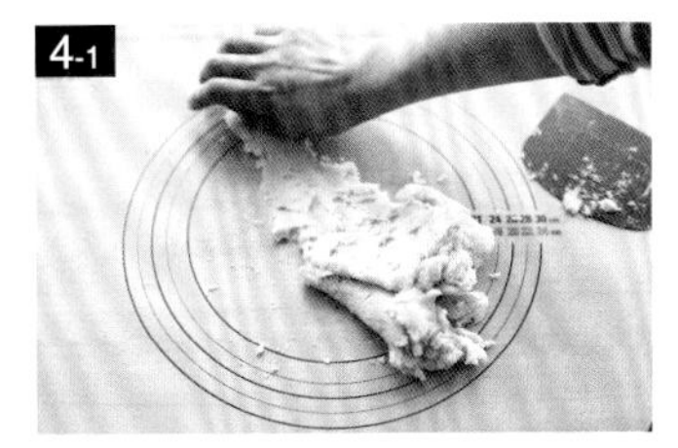

打入鸡蛋（最好使用冷藏的鸡蛋），用硅胶刮板搅拌均匀。

将面团移到案板上，往同一方向揉搓 3 下后用刮板将面团聚到一起捏成团。

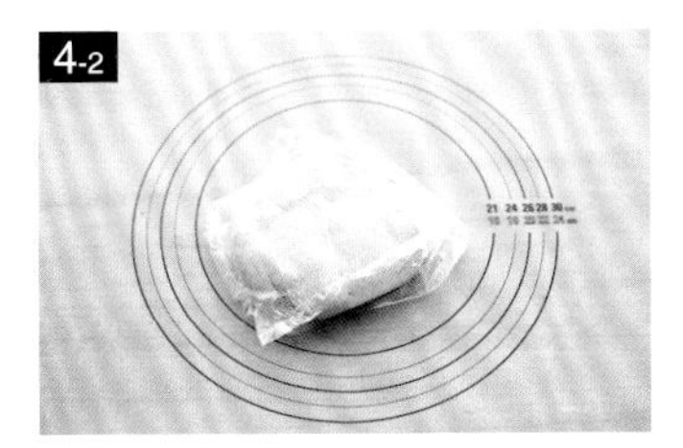

案板上撒上面粉，以防面皮粘在案板上。

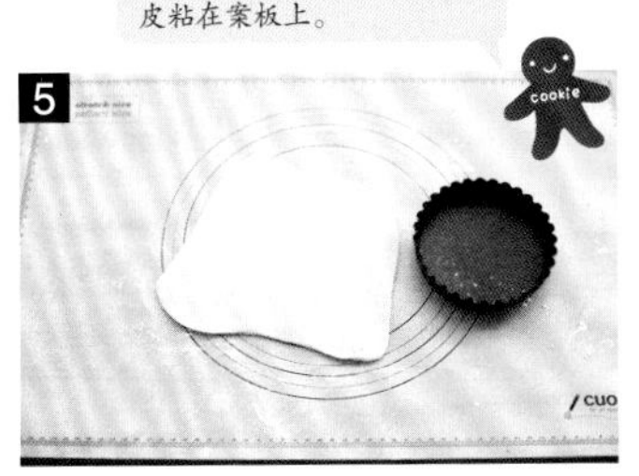

用保鲜膜包好，放入冰箱冷藏 1 小时。

取出冷藏好的面团，分成 2 等份，擀成比挞模稍大的面片，厚度约 2mm，将面片垫在挞模中，用擀面杖擀去四周多余的面片。

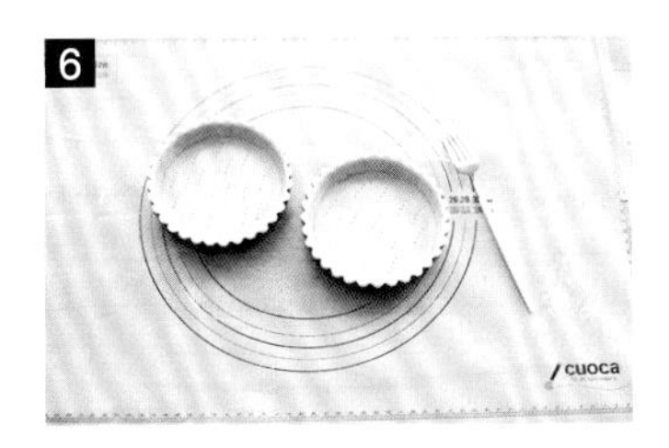

按压面片，使之与模具贴合，用叉子扎几排小孔，放入冰箱冷藏一会儿后取出，在面片表面垫上油纸，放上重石（大米或者豆子），放入预热至 180℃的烤箱烘烤 20~25 分钟。烤好后，拿开挞模上的重石和油纸，均匀地刷上蛋液。

再次放入烤箱内烘烤 5~8 分钟。取出，冷却后脱模。

8

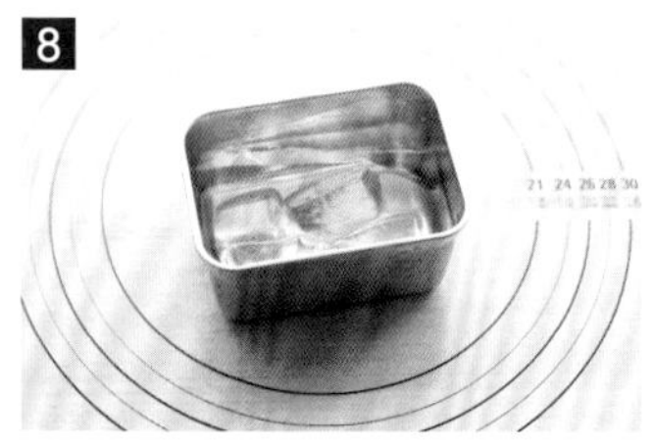

制作卡仕达奶油。用冰水浸泡吉利丁片。

9

在牛奶中加入香草籽，稍微煮一下。搅拌碗中倒入蛋黄、白砂糖，搅拌均匀后筛入玉米淀粉，倒入煮好的牛奶，搅拌均匀。

10

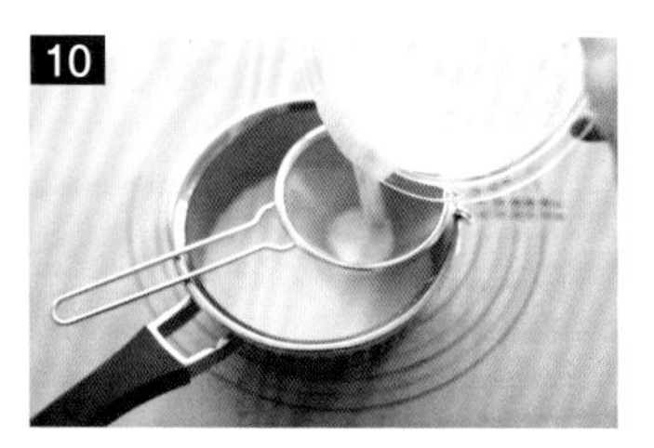

混合后的液体筛入小锅中，中火熬煮并不断搅拌，出现较大气泡时即可。

11

关火后，放入泡发好的吉利丁片，搅拌均匀。

12-1

将蛋奶糊平铺在方盘中，用保鲜膜盖好，放入冰箱，冷却后再使用。

12-2

青葡萄洗净后备用（可以切成两半，也可以整颗使用）。

13

将冷却后的蛋奶糊用打蛋器打发至顺滑。鲜奶油冰镇后，用电动打蛋器打发至奶油表面出现清晰纹路。

14

将打发后的鲜奶油分 3 次放入蛋奶糊中，第一次要用打蛋器搅拌均匀，之后两次用硅胶铲搅拌即可。

15

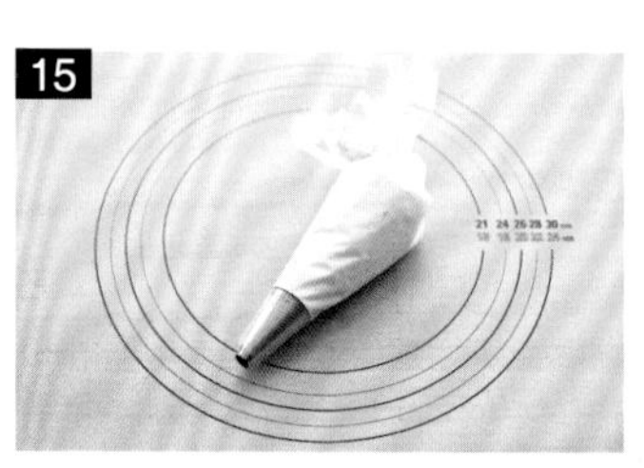

将做好的卡仕达奶油放入装有圆形裱花嘴的裱花袋中，挤到烤好的挞皮中，放入冰箱冷藏。

制作奶油奶酪。将马斯卡彭奶酪和白砂糖放入搅拌碗中，搅拌均匀。鲜奶油打发后，分 2 次加入搅拌碗中，用硅胶铲搅拌均匀。

将奶油奶酪涂抹在冷藏好的挞上，用刮刀刮出小山形状。

将青葡萄从外向内叠放在上面，中心位置也放一颗。

将明胶（或杏酱）与水按照 1 : 1 比例混合熬煮，均匀涂抹在青葡萄表面。

摩卡巧克力蛋糕

制作咖啡浆时，如果没有咖啡机，可以使用速溶咖啡。

材料 〔236mL 的玻璃瓶 4 个，直径 15cm 的海绵蛋糕 1 个〕

巧克力海绵蛋糕

鸡蛋……2 个
蛋黄……1 个
白砂糖……60g
蜂蜜……10g
低筋面粉……60g
无糖可可粉……10g
黄油……20g
牛奶……10g

摩卡巧克力奶油

牛奶……130g
白砂糖……30g
蛋黄……25g
玉米淀粉……10g
鲜奶油……20g
黑巧克力……20g
速溶咖啡……2g

咖啡浆

水……50g
白砂糖……25g
速溶咖啡……2g

马斯卡彭奶酪奶油

冰凉的鲜奶油……220g
马斯卡彭奶酪……200g
白砂糖……30g
香草精……少许

装饰

无糖可可粉……少许

●工具

电动打蛋器，手动打蛋器，不锈钢小方盒，搅拌碗，面粉筛，小锅，硅胶铲，玻璃杯，直径 15cm 圆形蛋糕模，油纸，圆形饼干切模，裱花袋，圆形裱花嘴，刷子，烤盘，保鲜膜，硅胶刮刀

制作方法

1

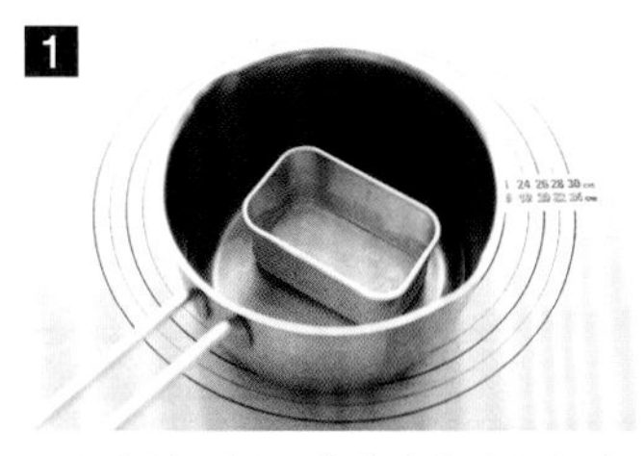

制作海绵蛋糕。将黄油和牛奶混合，倒入不锈钢小方盒中，隔水加热使黄油化开。小锅内倒入热水，将搅拌碗的碗底浸入小锅中，打入 2 个鸡蛋和 1 个蛋黄，搅拌均匀，再倒入白砂糖和蜂蜜，搅拌均匀，直至有气泡产生。

2

蛋液要打发到滴落出丝带状。

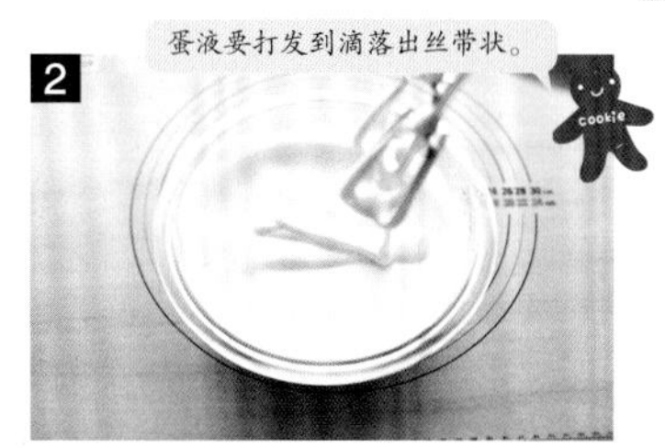

撤下搅拌碗，用电动打蛋器高速搅拌，隔水加热一会儿后继续搅拌。再分别把电动打蛋器开到高速、中速、低速挡搅拌，打发至蛋液细腻柔顺，提起电动打蛋器时，有丝带状蛋液悬挂即可。

3

在蛋液中筛入低筋面粉和无糖可可粉，用硅胶铲搅拌均匀至无干粉残留，然后倒入化开的黄油，继续搅拌均匀。

4-1

烤好的海绵蛋糕一定要立刻脱模。

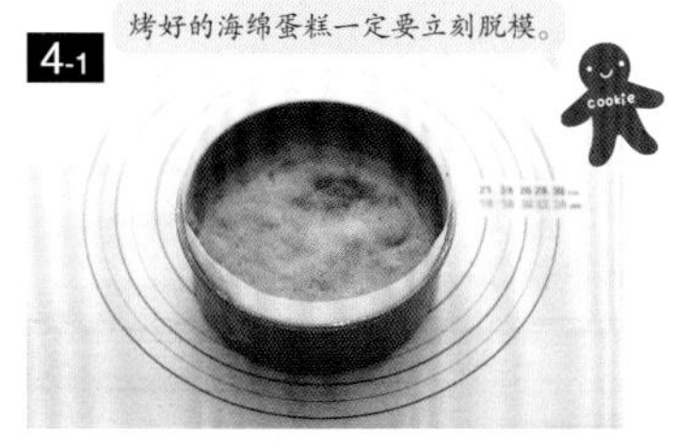

将裁剪好的油纸垫在直径 15cm 的蛋糕模中，倒入面糊，放入预热至 170℃的烤箱中，烘烤 20~25 分钟。

4-2

烤制完成后脱模，再冷却。将冷却的海绵蛋糕切成 1.5cm 厚的切片。

5

确定好玻璃瓶的口径。

用直径与玻璃杯口径相同的切模在切片蛋糕上压出蛋糕片。一个玻璃杯子蛋糕大概需要 2 个直径 6cm 的圆形蛋糕片。

6-1

制作摩卡巧克力奶油。在搅拌碗中放入蛋黄、白砂糖、玉米淀粉搅拌混合。

6-2

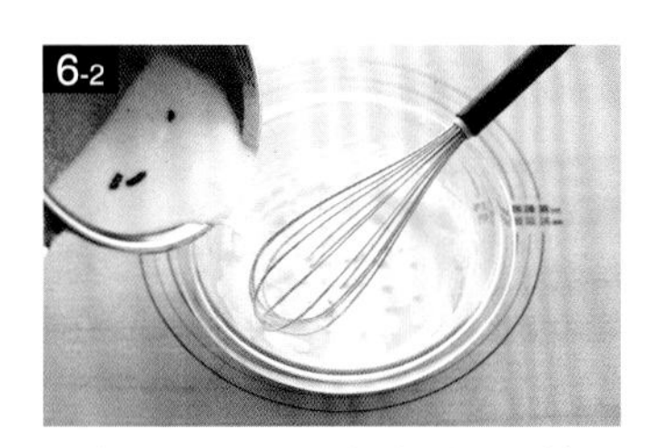

将煮好的牛奶一次性倒入搅拌碗中，用打蛋器搅拌均匀（在煮牛奶时放入少许香草籽，味道会更好）。

7

将搅拌碗中的蛋奶糊过筛到小锅中，开中火加热。

8-1

边加热边用打蛋器搅拌，直至出现气泡。

8-2

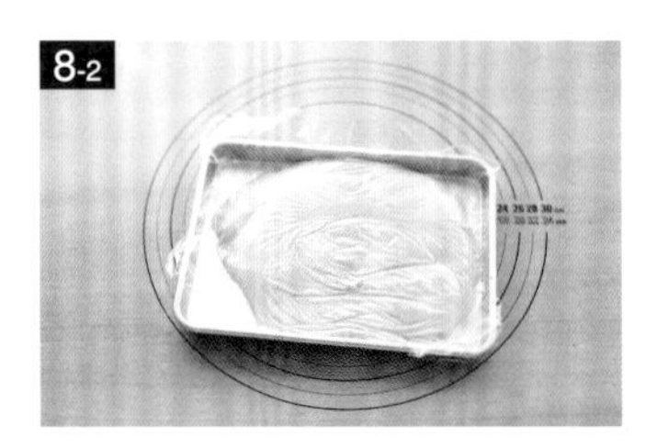

将制作好的蛋奶糊平摊在烤盘上，盖上保鲜膜，上面放上冰块或者放入冰箱冷却。

9

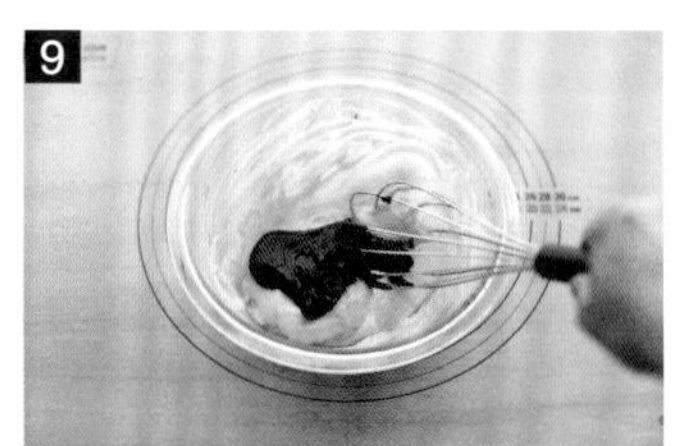

将鲜奶油、黑巧克力、速溶咖啡隔水加热至黑巧克力化开，倒入搅拌碗中，搅拌均匀，摩卡巧克力奶油制作完成。

10

制作马斯卡彭奶酪奶油。在搅拌碗中放入马斯卡彭奶酪，搅拌均匀，加入白砂糖、少许香草精、部分鲜奶油，搅拌均匀。再一次性倒入剩下的鲜奶油，搅拌均匀后冷藏。

11

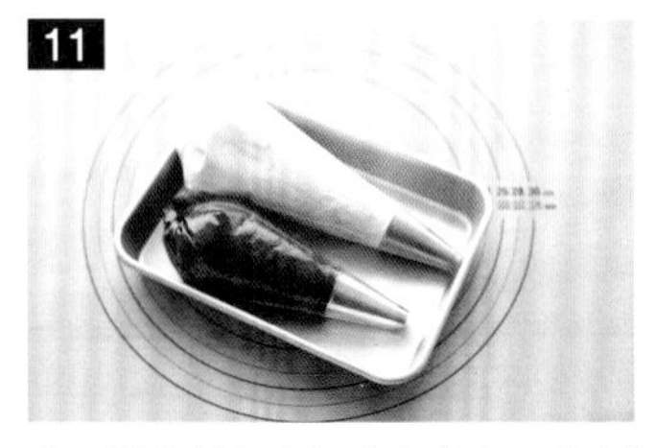

将马斯卡彭奶酪奶油和摩卡巧克力奶油分别放入装有圆形裱花嘴的裱花袋中。将所有制作咖啡浆的材料一次性放入小锅中，煮开后冷却。将圆形海绵蛋糕放入玻璃瓶中，再均匀地刷上咖啡浆。

12-1

将摩卡巧克力奶油挤在蛋糕上，再挤上马斯卡彭奶酪奶油，放上一片圆形海绵蛋糕，涂上咖啡浆。

12-2

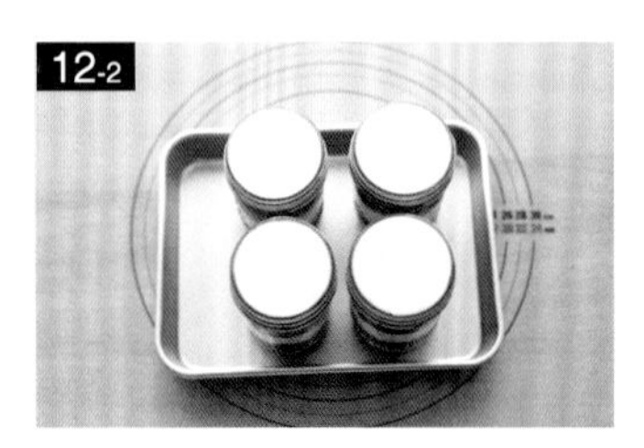

再挤上摩卡巧克力奶油和马斯卡彭奶酪。

13

最后用硅胶刮板将奶油表面刮平，放入冰箱冷藏 30 分钟，在食用或包装前，撒上一层无糖可可粉即可。

巧克力慕斯蛋糕

在半月形的慕斯模中垫上油纸后再放入巧克力蛋糕。脱模前，将巧克力慕斯蛋糕放入冰箱冷藏一段时间。

材料 〔半月形慕斯蛋糕模（直径 8cm × 21cm），平底盘（28cm × 32cm）〕

巧克力蛋糕

蛋黄……………………………3个
白砂糖A……………………… 25g
蛋白……………………………3个
白砂糖B……………………… 60g
低筋面粉……………………… 78g
无糖可可粉…………………… 12g
糖粉………………………… 少许
可可粉……………………… 少许

巧克力慕斯

鲜奶油………………………… 100g
香草籽………………………… 少许
蛋黄…………………………… 25g
白砂糖………………………… 12g
牛奶巧克力…………………… 100g
黑巧克力……………………… 50g
冰凉的鲜奶油（打发用）
……………………………… 200g
吉利丁片……………………… 2g

●工具

搅拌碗，打蛋器，面粉筛，小锅，硅胶铲，圆形裱花嘴（直径8~10mm），裱花袋，半月形慕斯模，油纸，烤盘

制作方法

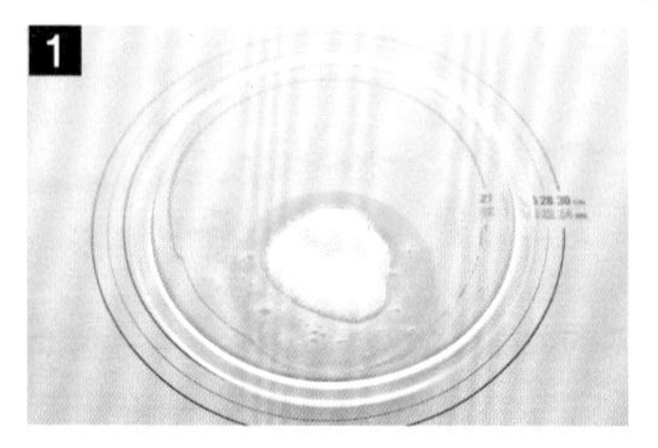

制作巧克力蛋糕。将蛋黄与白砂糖A放入搅拌碗内，搅拌均匀。

在另一个搅拌碗中将蛋白打发至有泡沫出现，把白砂糖B分3次加入蛋白中，每次加入后都要搅拌打发。

3

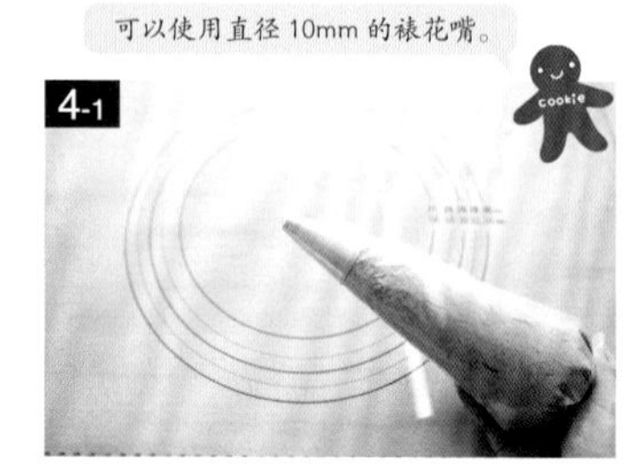

将打发的蛋白分3次加入蛋黄中，每次加入后都要大致搅拌均匀。将低筋面粉与可可粉混合，分2次筛入搅拌碗中，再次搅拌均匀。

将面糊倒入装有直径8mm圆形裱花嘴的裱花袋中。在烤盘上垫上油纸，并排挤出一条条面糊，面糊条的长度要与半月形慕斯模的长度相当，在上面撒上少许可可粉。

在另一个烤盘上挤出几个装饰用纽扣形蛋糕饼。将糖粉分两次筛在面糊条表面，放进预热至180℃的烤箱中，烘烤10~13分钟。

趁蛋糕冷却时制作奶油。将吉利丁片放入冰水中浸泡5分钟以上。巧克力隔水加热使之化开。

制作巧克力慕斯。将100g鲜奶油和少许香草籽加入小锅中用中火加热一会儿，将蛋黄和白砂糖放入搅拌碗中，搅拌均匀，将煮好的鲜奶油倒入蛋黄液中迅速搅拌均匀，再将蛋奶糊倒回小锅中，用小火或中火一边加热一边搅拌。

加热时，要用硅胶铲画“8”字形搅拌，加热至83~84℃即可。没有温度计时，用硅胶铲刮一下面糊表面，能留下明显的划痕时即可。关火，放入吉利丁片，搅拌均匀。

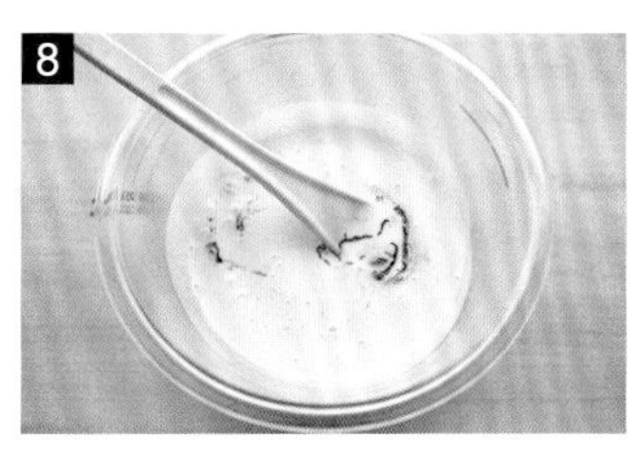

将煮好的蛋奶糊筛入碗中，再倒入化开的巧克力。搅拌均匀后将搅拌碗浸入冰水中冷却。

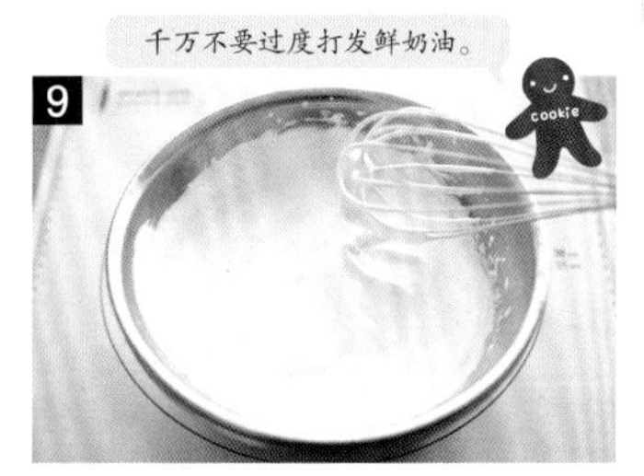

打发鲜奶油。将装有鲜奶油的碗放在冰水上，保持鲜奶油的低温状态，打发至打蛋器在鲜奶油上面能够留下浅浅的划痕即可。

打发好的奶油分3次倒入巧克力中，搅拌均匀。

留下填充慕斯的空间。

慕斯模中垫上油纸，切好大小合适的巧克力蛋糕，放入半月形慕斯模中，再挤入巧克力慕斯。

在慕斯上面盖上切好的巧克力蛋糕，压实后放入冰箱冷藏30分钟，倒扣脱模，将剩余的慕斯刷在蛋糕表面，放上装饰用的纽扣状蛋糕饼，再撒上少许糖粉就可以了。

蓝莓蛋挞

制作奶油奶酪时，只需要 1g 左右的吉利丁片。这是一款适合长途旅行或者在炎热的夏天食用的甜点。

材料 〔直径 10cm 高 3cm 挞 2 个或直径 13cm 高 2cm 挞 2 个〕

蓝莓酱…………………… 适量
新鲜蓝莓…………………… 70g

挞皮

低筋面粉…………………… 90g
黄油………………………… 45g
盐…………………………1~1.5g
糖粉………………………… 10g
香草籽…………………… 少许
鸡蛋………………………… 20g
蛋液……………………… 少许
手粉……………………… 少许

挞馅

奶油奶酪…………………… 120g
白砂糖……………………… 15g
橙汁或樱桃汁… 2~3g（可不加）
鲜奶油……………………… 130g
柠檬汁……………………2 小匙

●工具

搅拌碗，打蛋器，面粉筛，小锅，硅胶铲，刮板，圆形挞模，叉子，擀面杖，保鲜膜，重石（米或者豆子），油纸，烤盘，刷子

制作方法

制作挞皮。将低筋面粉、糖粉、盐、香草籽筛入搅拌碗中，放入切碎的黄油，用刮板将黄油与面粉搅拌均匀，再用手将黄油与面粉揉搓混合成颗粒状。

打入鸡蛋，用刮板将其与面团搅拌均匀。

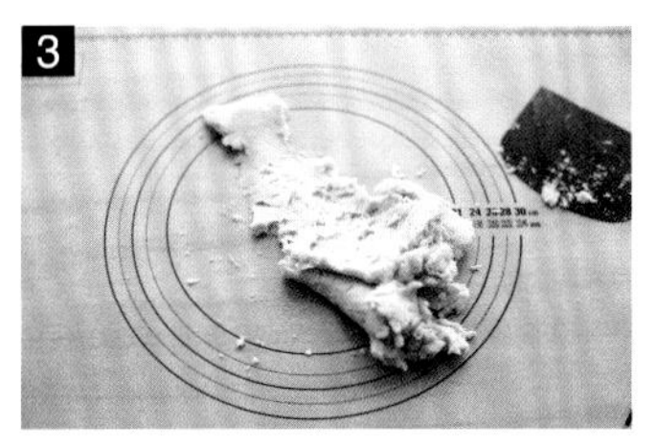

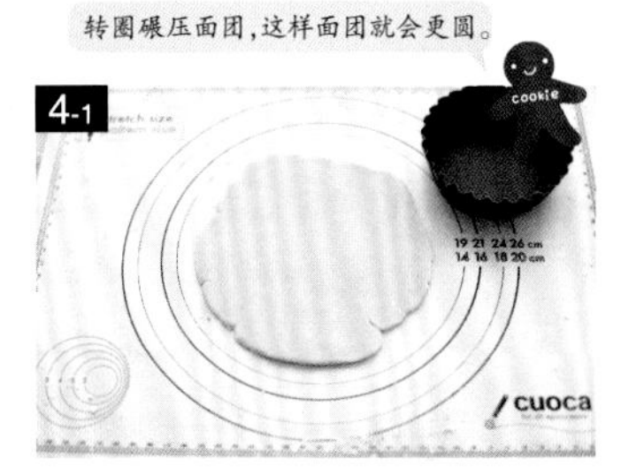

将面团移到案板上，往同一方向搓揉 3 下后，用刮板将面团聚到一起，揉成团，用保鲜膜包好，放入冰箱冷藏 1 小时。

将面团分成两等份，擀成比挞模稍大的面片，厚度约 2mm。

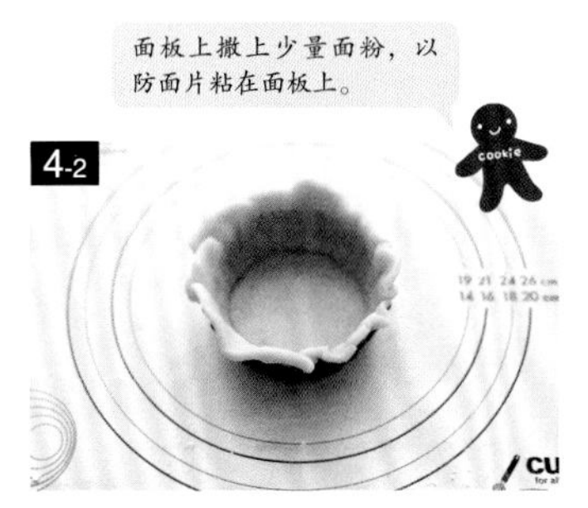

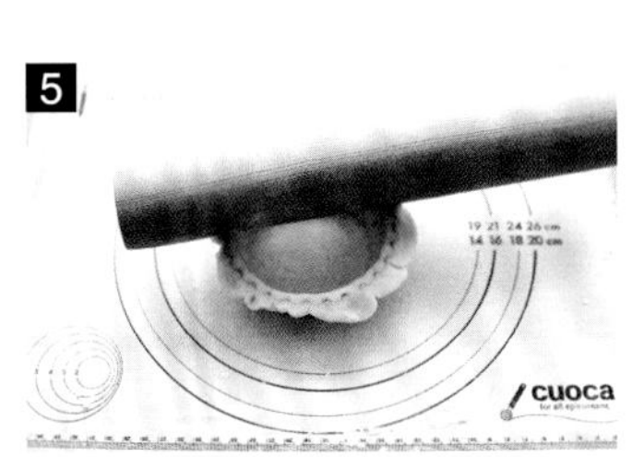

放入冰箱冷藏一会儿。

将擀好的面片按压在模具内。

擀去多余的面片，按压模具中的面片，使之与模具贴合，用叉子扎几排小孔。

在挞模内垫上油纸，放上重石，放入预热至 180℃的烤箱内烘烤 20~25 分钟。

烤制完成后，拿开挞模上的油纸和重石，在挞皮上均匀地刷上蛋液，再次放入烤箱内烘烤 5~8 分钟。烤至挞皮的内壁变成金黄色即可。如果将刚烤好的挞皮脱模，挞皮有可能会碎掉，因此须冷却后再脱模。

8

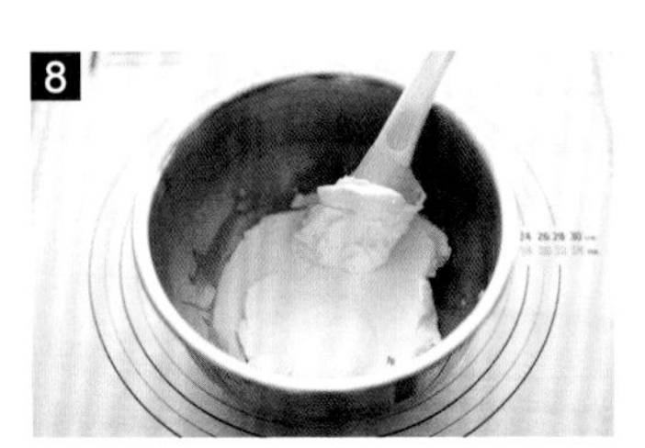

趁冷却挞皮时**制作奶油奶酪**。提前将奶油奶酪放在室温下回温，将柔软的奶酪放入搅拌碗中，加入白砂糖，搅拌均匀，将搅拌碗放在冰水上冰镇，再倒入鲜奶油。

9

倒入少许柠檬汁，用打蛋器打发至奶油表面出现明显纹路时即可。

10

在挞皮内倒入蓝莓酱，再挤上奶油奶酪，放入冰箱中冷藏 30 分钟。

11

将挞从冰箱里取出后，在表面铺上新鲜的蓝莓。

圣诞树饼干

烘焙圣诞树饼干的要点是不要将颜色烤得过深。烤好的饼干要保留绿茶粉和可可粉原来的颜色。将面糊放入裱花袋中，为防止挤面糊时裱花袋被挤破，可以套两层裱花袋。

材料 〔以绿茶饼干的大小为标准，大概能做 10 块长 9~10cm 的饼干〕

绿茶饼干

黄油…………………………100g

糖粉…………………………60g

蛋白…………………………20g

低筋面粉……………………120g

绿茶粉………………………6g

巧克力饼干

黄油…………………………100g

糖粉…………………………60g

蛋白…………………………20g

低筋面粉……………………120g

无糖可可粉…………………9g

装饰

小糖球………………………若干

蔓越莓干或橘子皮………若干

●工具

搅拌碗，打蛋器，硅胶铲，星星裱花嘴，裱花袋，烤盘

制作方法

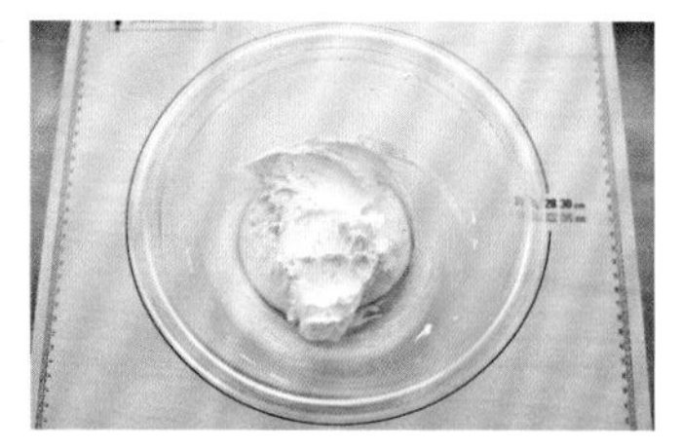

黄油软化后放入搅拌碗中，加入糖粉搅拌至黄油颜色发白即可，然后加入蛋白，搅拌均匀。

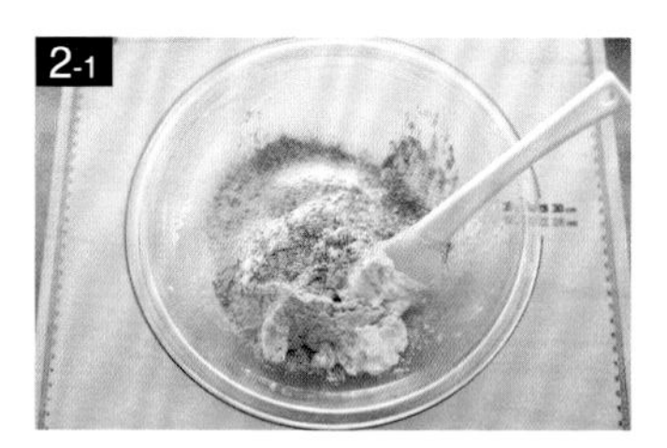

将低筋面粉和绿茶粉筛入搅拌碗中，搅拌均匀。

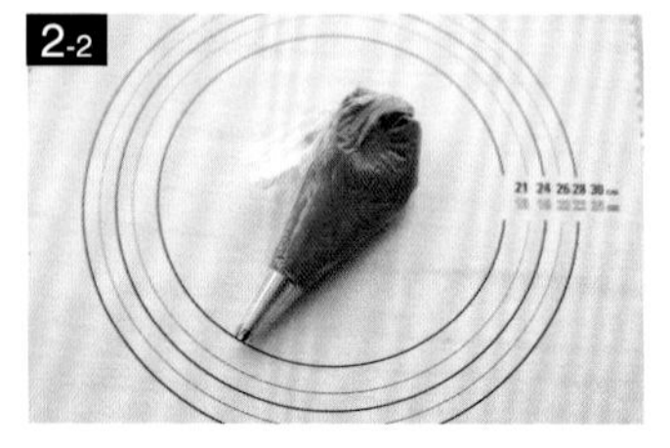

将搅拌好的绿茶面糊倒入装有星星裱花嘴的裱花袋中。

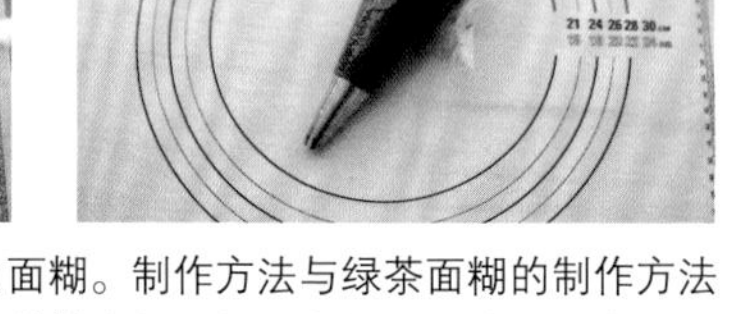

制作用作圣诞树树干部分的巧克力面糊。制作方法与绿茶面糊的制作方法相同，将可可粉与低筋面粉过筛后搅拌均匀，将巧克力面糊放入装有星星裱花嘴的裱花袋中。

首先在烤盘上挤出绿色树形图案，或者花环形状，在绿茶树冠下面挤出巧克力的树干。如果有多余面糊，就可以随意挤出各种图案，如花环形、马蹄形的曲奇饼干等。在挤好的圣诞树上用小糖球、彩色糖果、蔓越莓干、橘子皮等来装饰。装饰完成后，放入预热至 170℃的烤箱内烘烤 15 分钟左右即可。

布列塔尼三色酥饼

如果想把布列塔尼三色酥饼做得有咸味，可以在将饼干放入烤箱之前撒上一点盐之花。一定不能使用精盐。

材料 〔每份可制作直径 6cm 的酥饼 10 个，三色共 30 个〕

基础面团

黄油…………………………100g
糖粉…………………………60g
海盐（盐之花）……………1g
蛋黄…………………………20g
香草豆荚（或香草籽）…少许
黑朗姆酒……………………5g
低筋面粉……………………100g
杏仁粉………………………20g
泡打粉………………………1g
手粉…………………………少许
蛋黄…………………………少许

巧克力面团

＊与制作基础面团的材料基本相同，只是面粉部分低筋面粉只需 90g，额外添加无糖可可粉 10g。

绿茶面团

＊与制作基础面团的材料基本相同，只是面粉部分低筋面粉只需 92g，额外添加绿茶粉 8g。

●工具

搅拌碗，打蛋器，硅胶铲，油纸，擀面杖，铝箔杯，菊花形饼干模，刷子，叉子，烤盘

制作方法

制作基础面团。黄油回温后放入搅拌碗中，加入糖粉和海盐，搅拌至黄油颜色发白时，加入蛋黄，搅拌均匀。

在搅拌碗中放入香草籽和黑朗姆酒。

将低筋面粉、泡打粉、杏仁粉筛入搅拌碗，搅拌均匀。

将搅拌好的面糊揉成团，放在油纸上压平，在揉搓面团之前在面团上撒一些面粉，防止面团粘手。

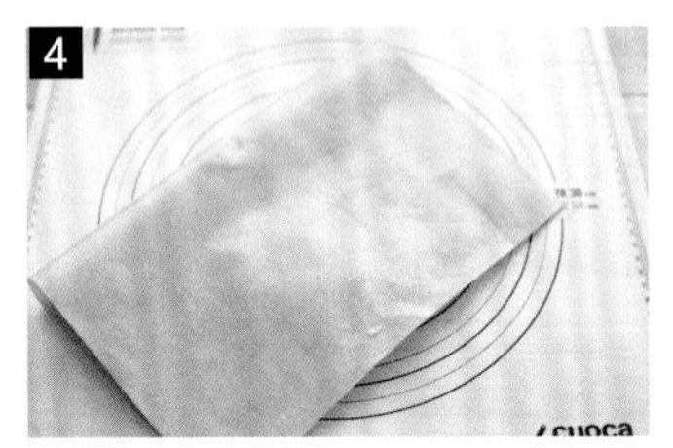

用油纸将面团包好，慢慢将面团压平，放入冰箱中冷藏 30 分钟到 1 个小时。由于面团黏性很大，直接用擀面杖擀制不易成形，需要先放入冰箱冷藏。

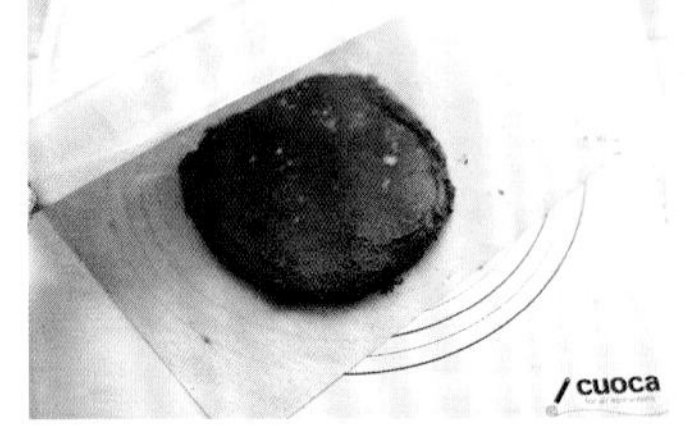

制作巧克力面团。之前步骤相同。将低筋面粉、无糖可可粉、泡打粉、杏仁粉筛入搅拌碗中，搅拌均匀。用油纸将面团包好，慢慢将面团压平，放入冰箱内冷藏。

制作绿茶面团。之前步骤相同。将绿茶粉、低筋面粉、杏仁粉筛入搅拌碗中，搅拌均匀。

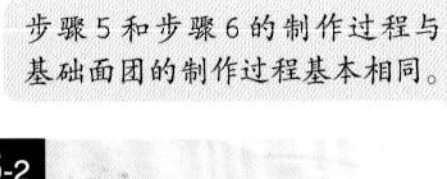

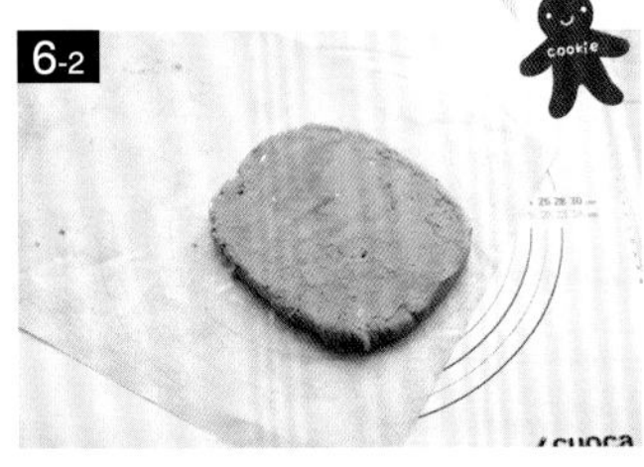

用油纸将面团包好，慢慢将面团压平，放入冰箱内冷藏。

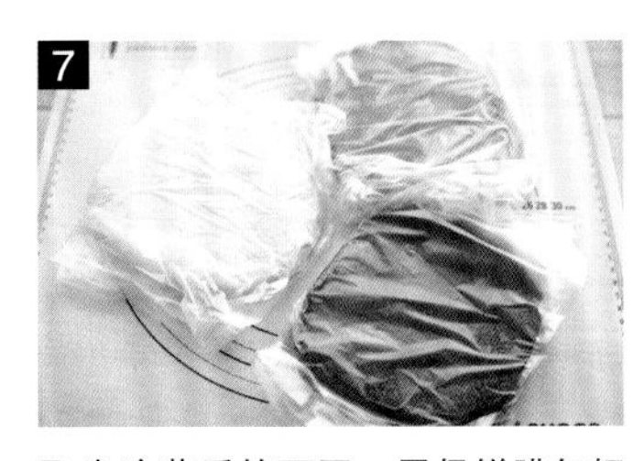

取出冷藏后的面团，用保鲜膜包好密封。冷藏后的面团可以直接用来制作饼干，也可以接着放入冰箱冷冻，需要制作饼干时再取出。

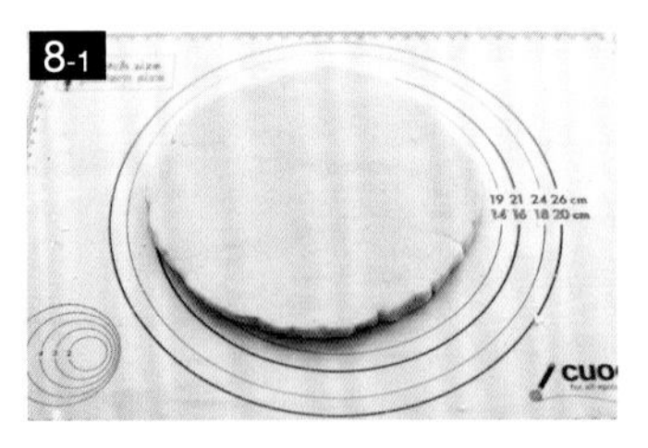

在案板上撒一些面粉，将冷藏后的面团取出，擀成 1cm 厚的面片。

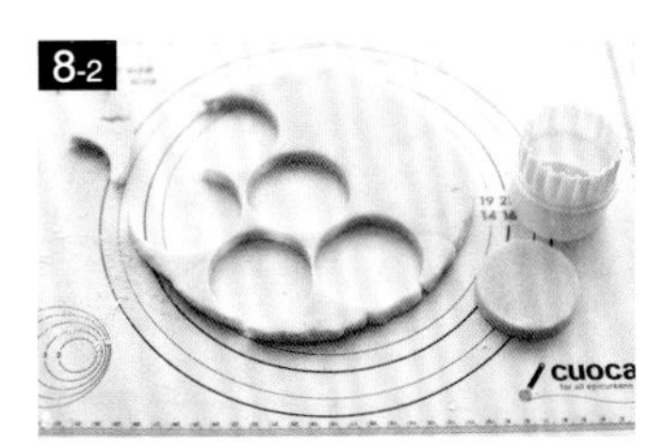

铝箔杯直径为 6cm，所以用直径 5.5cm 的饼干模压出圆形。如果没有铝箔杯，也可以将压好的饼干直接烘烤。

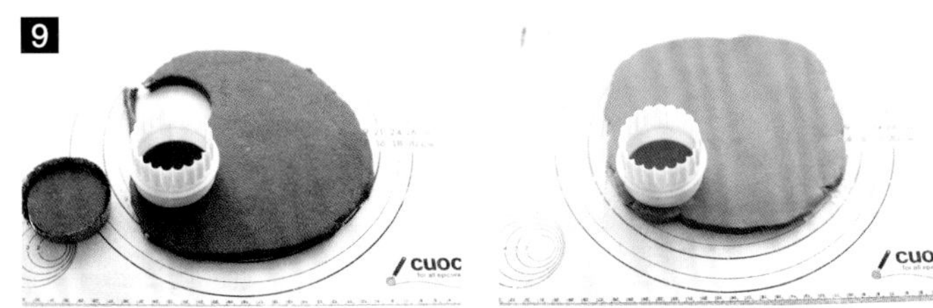

巧克力饼和绿茶饼都需要用菊花形模具压出来，厚度约 1cm。

将饼干放入铝箔杯中，然后放在烤盘上，用刷子在饼干表面均匀地涂上蛋液。

用叉子在饼干上画出自己想要的图案，放入预热至 160℃的烤箱内烘烤 25~30 分钟即可。

彩虹蛋糕

烤好的蛋糕可以直接做切片蛋糕，也可以切成小块做迷你蛋糕。
蛋糕可以有多种颜色。

材料〔直径 15cm 的蛋糕 2~3 个〕

蛋糕

鸡蛋	3 个
白砂糖	85g
蜂蜜	15g
黄油	15g
牛奶	20g
低筋面粉	90g
食用色素	2 种（或 6 种）

奶油

奶油奶酪	100g
马斯卡彭奶酪	30g
鲜奶油	200g
白砂糖	25g

●**工具**

搅拌碗，电动打蛋器，硅胶铲，刮刀，面粉筛，油纸，面包刀，15cm 圆形蛋糕模，小锅，不锈钢小方盒，棉棒

制作方法

1

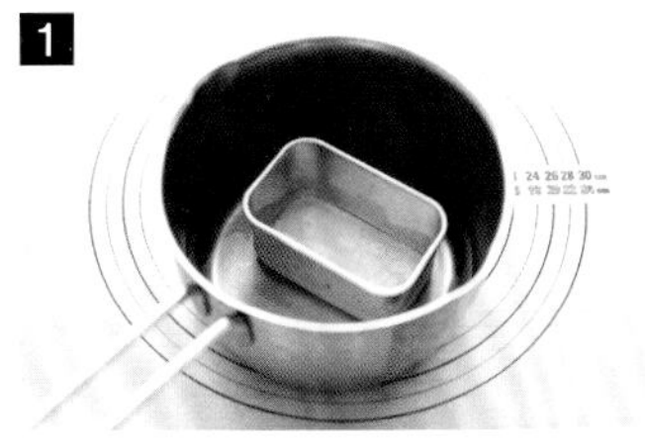

制作蛋糕。将黄油和牛奶混合，倒入不锈钢小方盒中，隔水加热使黄油化开。

2

小锅内倒入热水，将搅拌碗的碗底浸入小锅中，打入 3 个鸡蛋，搅拌均匀，再加入白砂糖和蜂蜜，搅拌均匀直至有气泡产生。再分别用电动打蛋器的高速、中速、低速挡搅拌。

3

撤下搅拌碗，打发至蛋液细腻柔顺、提起电动打蛋器时，有丝带状蛋液悬挂即可。

4

在蛋液中筛入低筋面粉，用硅胶铲搅拌均匀至无干粉残留，然后倒入化开的黄油，继续搅拌均匀。

5-1

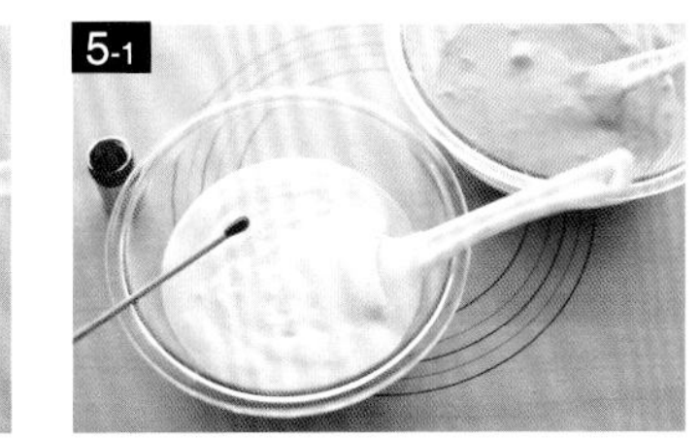

将面糊分成两份，分别用棉棒蘸取色素点戳面团两次即可。

将上色后的绿色与红色面糊倒入已垫上油纸圆形模具中，放入预热至170℃的烤箱内烘烤 20~25 分钟即可。

如果想做其他颜色的面糊（紫色和黄色），制作过程基本相同。想要调制橘黄色食用色素，只需要将黄色和红色食用色素调和在一起即可。

烤好的蛋糕冷却后，用面包刀切成 1~1.5cm 厚的蛋糕片。

在搅拌碗中放入奶油奶酪和马斯卡彭奶酪（可不加），搅拌均匀后放入白砂糖，和鲜奶油，将搅拌碗置于冰水上冷却，搅拌均匀。

将切好的圆片蛋糕按照紫色、蓝色、绿色、黄色、橘黄、红色的顺序放置，并在蛋糕片之间抹上奶油夹层。

如果有烤好的面包屑，可以过筛后用作装饰。

涂好每一层奶油后，在最上层撒上面包屑，彩虹蛋糕制作完成。

草莓杯子蛋糕

没有马斯卡彭奶酪时，可以使用奶油奶酪或鲜奶油。如果不喜欢草莓，可以将猕猴桃切成薄片贴在杯子内壁，制作猕猴桃蛋糕。

材料 〔473mL 的玻璃瓶 2 个，直径 15cm 的海绵蛋糕 1 个〕

草莓………………… 500~600g

海绵蛋糕

鸡蛋……………………………2 个
白砂糖………………………… 55g
蜂蜜…………………………… 10g
低筋面粉……………………… 60g
黄油…………………………… 10g
牛奶…………………………… 10g

奶油

鲜奶油……………………… 300g
马斯卡彭奶酪……………… 75g
白砂糖……………………… 30g
香草籽……………………… 少许

●工具

搅拌碗，手动打蛋器，电动打蛋器，面粉筛，硅胶铲，油纸，圆形蛋糕模具，玻璃杯，刀，裱花袋，星形裱花嘴，不锈钢小方盒，厨房用纸

制作方法

1

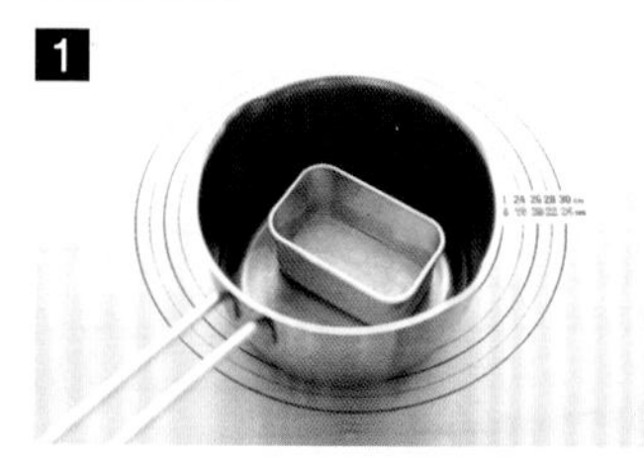

制作海绵蛋糕。将黄油和牛奶混合，倒入不锈钢小方盒中，隔水加热使黄油化开。小锅内倒入热水，将搅拌碗的碗底浸入小锅中，打入 2 个鸡蛋，搅拌均匀，再倒入白砂糖和蜂蜜，搅拌均匀直至有气泡产生。

2

撤下搅拌碗，打发至蛋液细腻柔顺，提起电动打蛋器时，有丝带状蛋液悬挂即可。

3

在蛋液中筛入低筋面粉，用硅胶铲搅拌均匀至无干粉残留，然后倒入化开的黄油，继续搅拌均匀。

4

将裁剪好的油纸垫在模具中，倒入面糊，放入预热至 170~180℃的烤箱内烘烤 20~25 分钟即可。烤好后要立刻脱模，将蛋糕放在晾网上放凉。

冷却后切成 1.5cm 厚的切片。然后将切片切成小块蛋糕，也可以切得稍大一点。

将洗好的草莓用厨房用纸擦干水分，切成约 2mm 厚的切片。可以切得稍薄一些。放入蛋糕内的草莓要切成小块。

制作奶油。搅拌碗中放入马斯卡彭奶酪，用打蛋器搅拌顺滑，加入白砂糖，搅拌均匀。

将搅拌碗置于冰水上，将冰凉的鲜奶油加入搅拌碗内。放入少许香草籽，打发到奶油表面出现明显纹路就可以了。

将草莓切片贴满杯子内壁，可以在贴第二圈时调转草莓切片朝向。

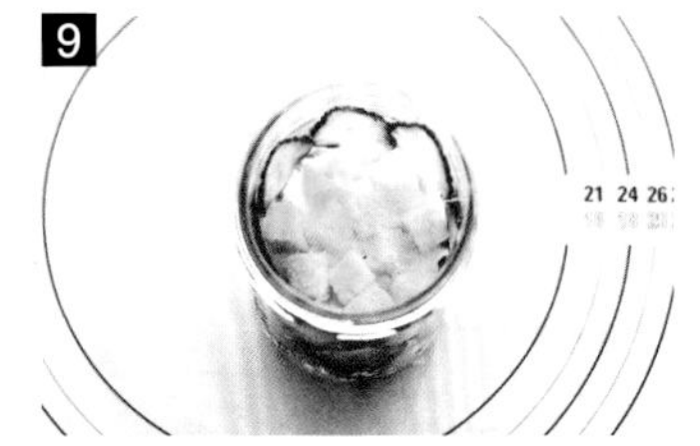

杯子里放入小块蛋糕，再挤上一层奶油。

然后铺上一层小草莓块，再挤上一层奶油（依次放入蛋糕块、奶油、草莓、奶油）。

最上层挤入一层厚厚的奶油，可以使用有星星裱花嘴的裱花袋，这样挤出的奶油造型更好看。草莓对半切开，放在顶部做装饰。

南瓜派

南瓜水分较多时，可以将蒸熟的南瓜与黄油、黄砂糖、盐一起放入小锅内煮一下后再用。可以将肉桂粉、丁香等混合制成香料，也可以直接使用肉桂粉。使用半小匙肉桂粉即可，如果喜欢肉桂的香味，可以再加半小匙。

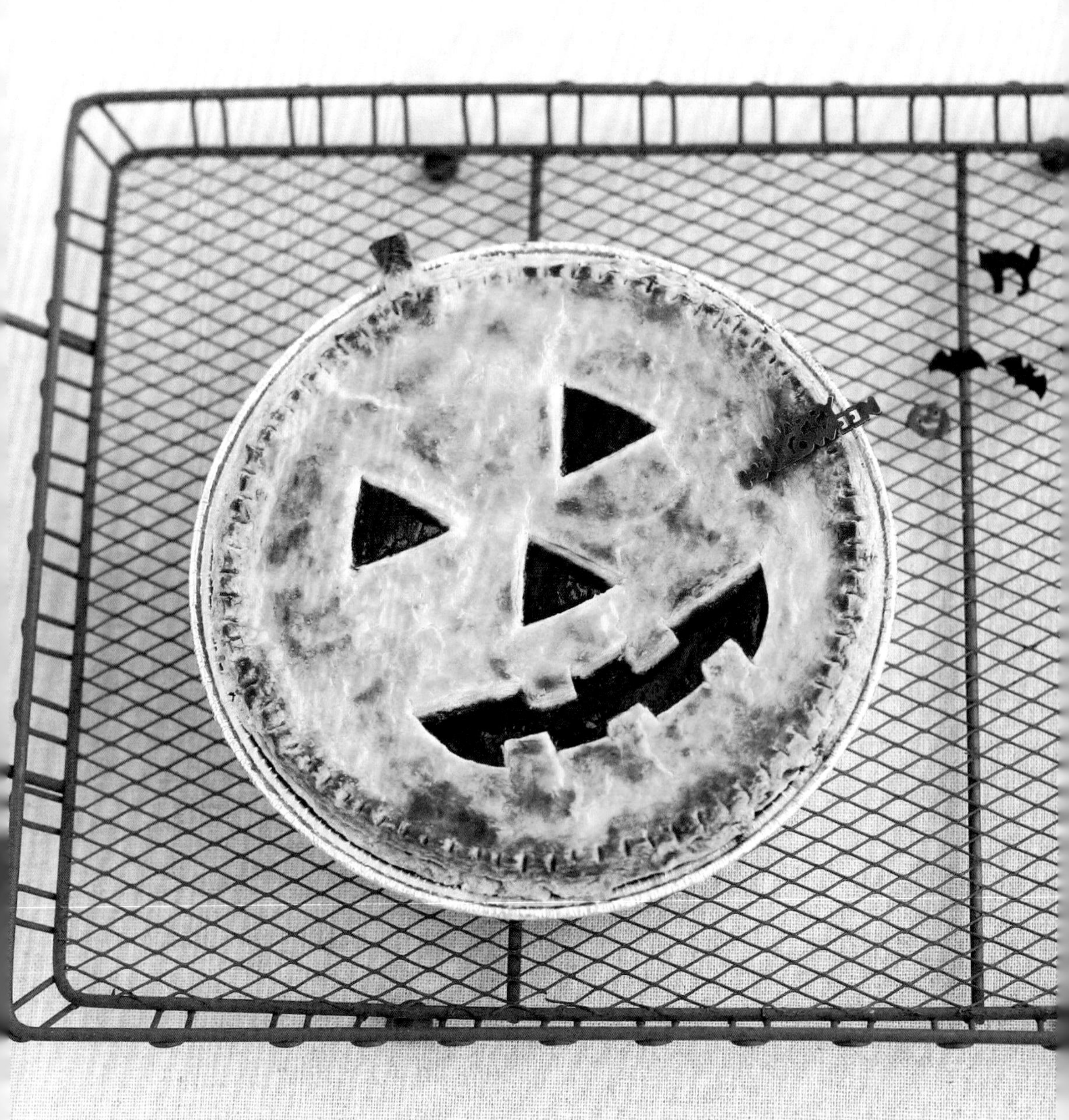

材料〔直径 17~18cm 的圆形派 1 个〕

派皮

低筋面粉…………………… 200g
黄油………………………… 100g
盐…………………………… 2g
糖粉………………………… 15g
泡打粉…………………… 1/4 小匙
冷水………………………… 55g
手粉………………………… 少许

南瓜酱

蒸熟的南瓜……………… 300g
黄砂糖……………………… 45g
盐…………………………… 少许
黄油………………………… 20g
蛋液……………………… 1/2 个
鲜奶油……………………… 30g
香料…………………… 1/2 小匙

其他

蛋液………………………… 少许

●**工具**

搅拌碗，手持料理机，面粉筛，硅胶铲，圆形派模，刮板，擀面杖，刷子，小刀，叉子

制作方法

1

制作派皮。将低筋面粉、盐、糖粉、泡打粉筛入搅拌碗中，放入软化的黄油，用刮板将其搅拌均匀。

2-1

将黄油与面粉充分混合后倒入冷水，揉成面团。

2-2

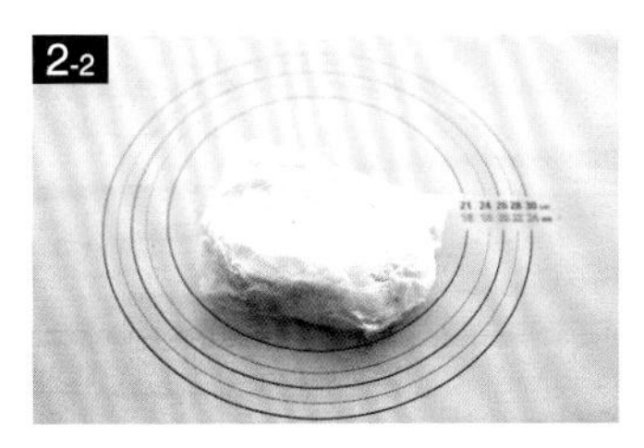

用保鲜膜将面团包好，放入冰箱冷藏 30 分钟到 1 小时。

3

趁冷藏面团时**制作南瓜酱**。南瓜去皮后蒸熟，取 300g 蒸熟的南瓜放入搅拌碗中，再放入黄油搅拌均匀。

4

倒入黄砂糖、盐、蛋液和鲜奶油，搅拌均匀。

5

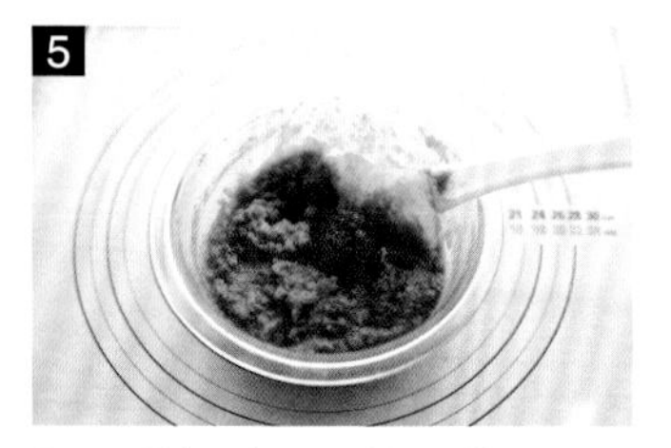

加入香料，先用硅胶铲搅拌，再用手持料理机搅拌至顺滑。

6

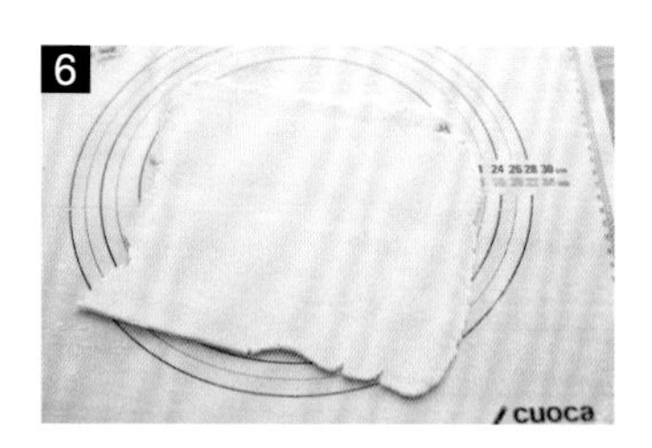

取出冷藏好的面团，分成两份。在案板上撒上少许面粉，用擀面杖擀出两个 3mm 厚的面片。

7

拍去面片上多余的面粉，垫在派模上，将模具外边露出的部分用小刀裁掉，放入冰箱里冷藏一会儿，取出派模，将制作好的南瓜酱倒入模具中。

8

另一个面片按照模具的开口大小裁剪成圆形，用小刀刻出笑脸图案。

9

为了让有笑脸图案的面皮更贴合派模，先在派模面皮边缘涂上蛋液，再放上有笑脸图案的面皮，用叉子按压边缘部分，再在面皮表面涂上蛋液。

抹茶蛋糕

最好使用抹茶粉。抹茶粉的口感更好，不会过于苦涩。可以用海藻糖代替白砂糖，稍微放一点，蛋糕的甜度适中，口感绵软。

材料〔直径 15cm 的蛋糕 1 个〕

白巧克力…………………… 80g
黄油………………………… 50g
鲜奶油……………………… 50g
蛋黄…………………………3 个
白砂糖 A…………………… 20g
蛋白…………………………2 个

白砂糖 B…………………… 25g
低筋面粉…………………… 30g
玉米淀粉…………………… 5g
抹茶粉……………………… 12g

●工具

不锈钢小方盒，搅拌碗，打蛋器，硅胶铲，油纸，15cm 圆形模具

制作方法

1

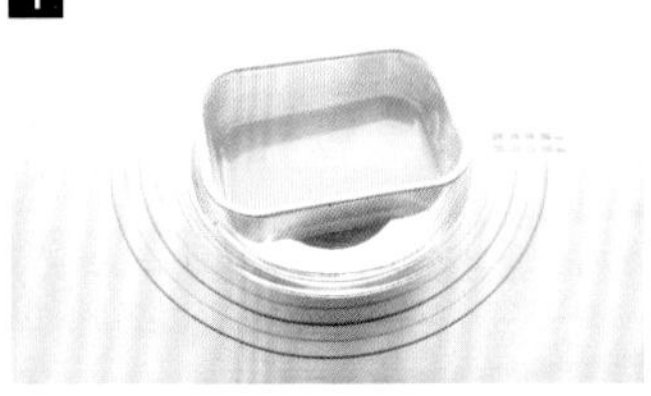

将白巧克力和黄油放入不锈钢小方盒中，隔水加热化开，将鲜奶油倒入另一个不锈钢小方盒中，隔水加热。

2

将蛋黄倒入搅拌碗中，放入白砂糖A，搅拌均匀。

3-1

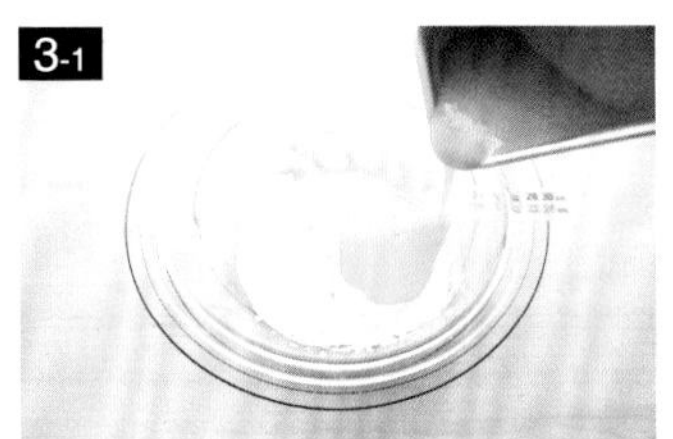

将化开的白巧克力和黄油倒入搅拌碗中。

3-2

再倒入加热后的鲜奶油，搅拌均匀。

4

在另一个碗中，倒入蛋白，白砂糖B分2次或3次放入，每次加入白砂糖后都要用电动打蛋器打发蛋白，直至表面有尖角立起。

5

将1/3的蛋白霜加入白巧克力奶油中，搅拌均匀。

6

将低筋面粉、玉米淀粉、抹茶粉筛入搅拌碗中，搅拌均匀。剩余的蛋白分两次加入搅拌碗中，搅拌均匀。

7

将油纸垫在模具中，倒入面糊。再将面糊放入预热至160℃的烤箱，将温度调至150℃烘烤30~35分钟。

鲜奶油蛋糕卷

鲜奶油的乳脂含量高，因此味道鲜美。打发鲜奶油时，一定要将装有鲜奶油的搅拌碗置于冰水上再打发。

材料〔29cm × 29cm 的方形蛋糕盘 1 个〕

蛋糕饼

- 蛋黄…… 80g
- 白砂糖 A…… 10g
- 蜂蜜…… 20g
- 蛋白…… 120g
- 白砂糖 B…… 60g
- 低筋面粉…… 40g
- 黄油…… 15g
- 牛奶…… 25g

奶油

- 鲜奶油…… 300g
- 白砂糖…… 23g
- 香草籽…… 少许

装饰用

- 糖粉…… 少许

●工具

方形蛋糕盘，不锈钢小方盒，烤盘，油纸，打蛋器，硅胶铲，搅拌碗，面粉筛，刮板，铲子，面包刀

制作方法

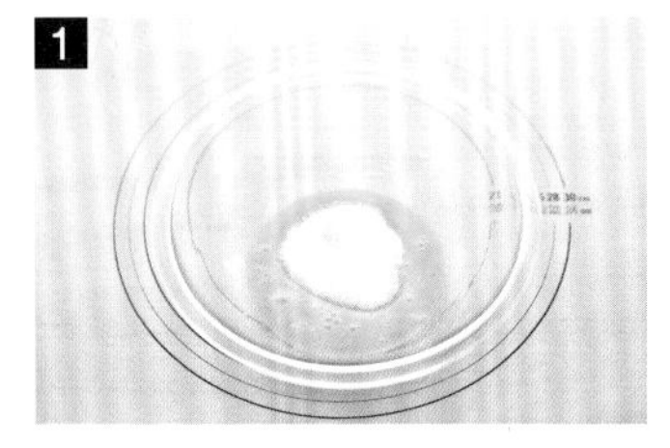

将黄油和牛奶放入不锈钢小方盒中隔水加热。将蛋黄、白砂糖 A、蜂蜜倒入搅拌碗中，将搅拌碗放在热水上，一边隔水加热一边搅拌。

打发蛋白，分 3 次放入白砂糖 B，每次加糖后都要打发蛋白。

将蛋白打发至表面有明显纹路即可。

将一半蛋白霜倒入蛋黄搅拌碗中，搅拌均匀。

将低筋面粉过筛 2 次后倒入搅拌碗中，搅拌均匀。

将化开的黄油和牛奶倒入搅拌碗中，搅拌均匀。最后将另一半蛋白霜倒入搅拌碗中，搅拌均匀。

将裁剪好的油纸铺在方形蛋糕盘上，将面糊倒在盘中，用刮板刮平表面。放入预热至 180℃的烤箱内烘烤 13~15 分钟即可。

烤好的蛋糕要立刻脱模，放在晾网上冷却。
制作奶油。将搅拌碗放在冰水上，碗内放入鲜奶油，再加入白砂糖和香草籽，搅拌打发。

将冷却后的蛋糕片放在油纸上，将奶油抹在表面，中间奶油稍厚，两边稍薄。

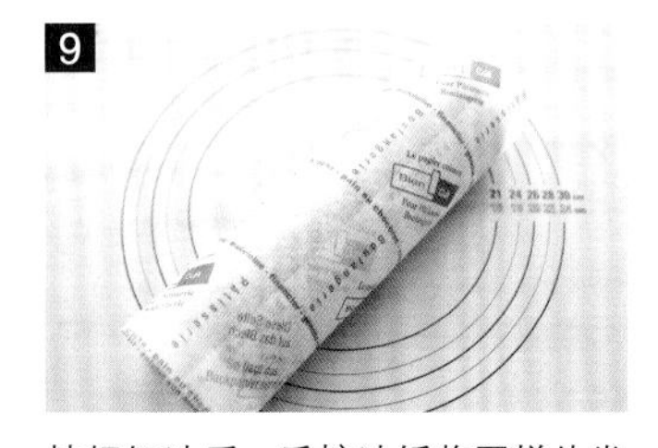

抹好奶油后，手按油纸将蛋糕片卷起，放入冰箱冷藏 30 分钟以上。

取出蛋糕卷，撒上糖粉。将面包刀过热水后擦干，将蛋糕卷切成均匀的片状。

抹茶磅蛋糕

在模具中倒入磅蛋糕面糊时，需在中心部分加入黄油和食用油，这样烤出的磅蛋糕造型美观。如果想节约时间，也可以直接烘烤。

材料〔18cm 长的磅蛋糕模 1 个，12cm 长的磅蛋糕模 2 个〕

黄油	100g	抹茶粉	8g
白砂糖	80g	泡打粉	3g
盐	少许	豆子	100g
鸡蛋	2 个	黄油、食用油	少许
低筋面粉	110g		

●**工具**

打蛋器，量杯，硅胶铲，油纸，磅蛋糕模，搅拌碗，面粉筛

制作方法

1

将黄油提前放在室温下软化，放入搅拌碗中，搅拌至顺滑，加入白砂糖和盐，搅拌均匀，再倒入蛋液，搅拌均匀。

2

将低筋面粉、抹茶粉、泡打粉筛入搅拌碗中，搅拌均匀。

3

倒入豆子，搅拌均匀。

4

将裁剪好的油纸垫在模具中，倒入面糊，用硅胶铲将黄油和食用油抹在面糊中央，将剩余的豆子洒在表面，放入预热至 170℃的烤箱中烘烤 30~35 分钟。

番茄提拉米苏

使用防潮糖粉，不仅可以防止糖粉溶化，还可以使提拉米苏看起来更加诱人。

材料 〔5.5cm × 9cm × 6.5cm 塑料透明杯 3~4 个〕

海绵蛋糕

鸡蛋……2 个
白砂糖……55g
蜂蜜……10g
低筋面粉……60g
黄油……10g
牛奶……10g

奶酪奶油

马斯卡彭奶酪……200g
鲜奶油……200g
白砂糖……32g
香草豆荚……1/4 根

装饰用

圣女果……8~10 个
薄荷叶……少许
防潮糖粉……少许

番茄酱

番茄……500g
柠檬汁……20g
白砂糖……200g

*500g 番茄可以制作 2 瓶 120~130mL 的番茄酱。制作番茄磅蛋糕用番茄酱时（P191），按此配方量准备即可。制作提拉米苏用番茄酱时，需将此配方量减半。

●工具

小锅，硅胶铲，玻璃瓶，烤盘，料理机，直径 15cm 的蛋糕模，搅拌碗，电动打蛋器，油纸，塑料杯，饼干切模，面包刀，刮刀，刀，不锈钢小方盒，面粉筛

制作方法

1

制作番茄酱。用刀在番茄顶部画十字，再放入烧开的热水中煮软，过冷水后去皮。

2

番茄切小块放入小锅中。切块前先去除番茄籽，制作出的番茄酱口感会更好。

3

在锅中倒入柠檬汁和白砂糖，开中火煮25分钟。如果用大火熬煮，容易煳锅，所以需要用中小火慢慢熬煮。

4

一般将番茄酱熬至浓稠即可使用，但制作提拉米苏用番茄酱时，还须倒入料理机内搅拌一会儿，再倒入锅内熬煮片刻，方能使用。

5

制作提拉米苏需要冰凉的番茄酱，因此制作完成后，应将番茄酱倒入玻璃瓶中，密封冷却后放入冰箱冷藏。

6

制作海绵蛋糕。小锅内倒入热水，将搅拌碗的碗底浸入小锅中，打入2个鸡蛋，搅拌均匀，再倒入白砂糖和蜂蜜，搅拌均匀直至有气泡产生。

7

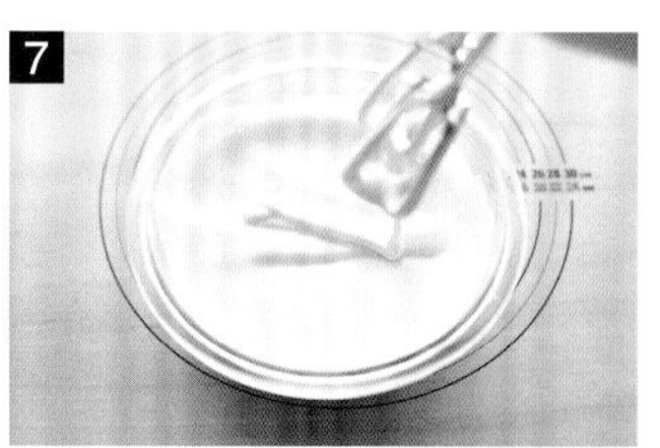

撤下搅拌碗，打发至蛋液细腻柔顺，提起电动打蛋器时，有丝带状蛋液悬挂即可。

8-1

在蛋液中筛入低筋面粉，用硅胶铲搅拌均匀至无干粉残留。

8-2

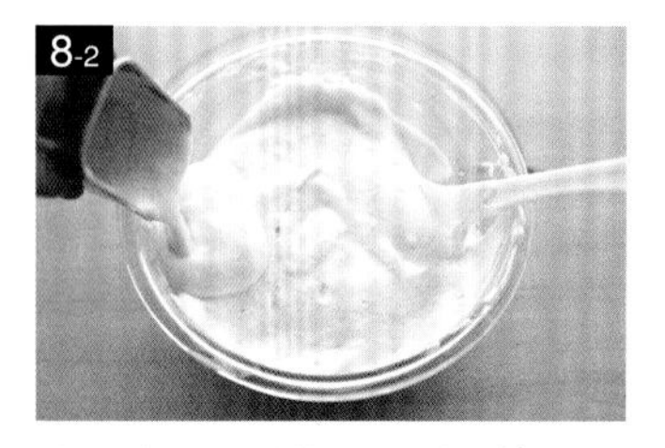

然后倒入化开的黄油，继续搅拌均匀。

9

将裁剪好的油纸垫在直径15cm的蛋糕模中，倒入面糊，放入预热至170℃~180℃的烤箱中，烘烤20~25分钟。烤制完成后脱模，放在晾网上冷却。

10

将冷却的海绵蛋糕切成约1cm厚的切片。分别使用与塑料杯底部直径和中部直径相同的两个饼干切模，压出圆形蛋糕片，每份提拉米苏需要两片。

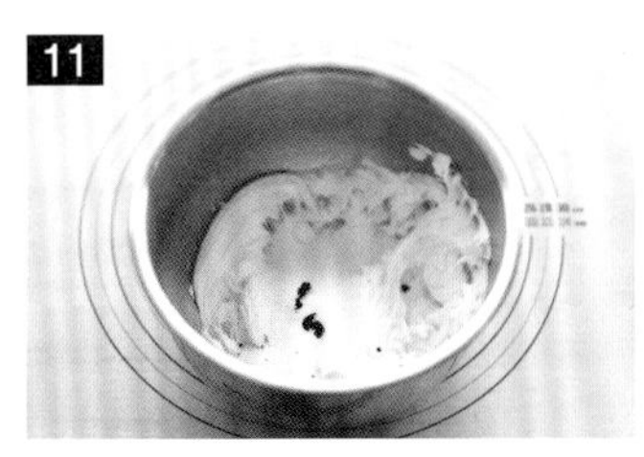

制作奶油奶酪。在搅拌碗中放入马斯卡彭奶酪，搅拌顺滑，加入白砂糖和香草籽，搅拌均匀。

加入 50g 冰冷的鲜奶油，搅拌均匀。再加入剩下的鲜奶油，将搅拌碗放在冰水上，打发奶油。

13

将搅拌碗中的奶酪奶油打发至表面有明显纹路即可。

在塑料杯中倒入 30~35g 番茄酱后，放入一片海绵蛋糕。

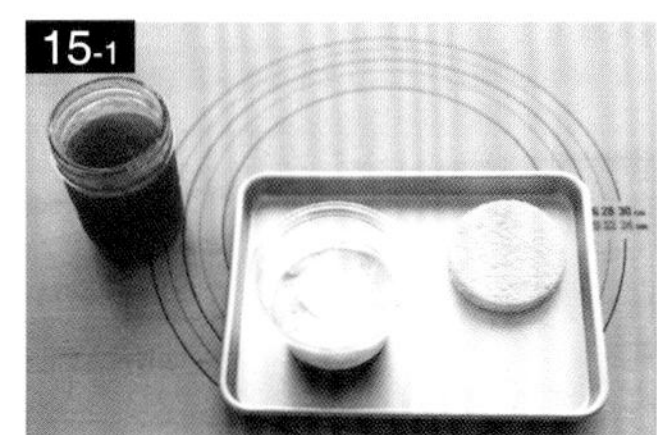

涂上一层奶油奶酪。

倒入 35~40g 番茄酱。

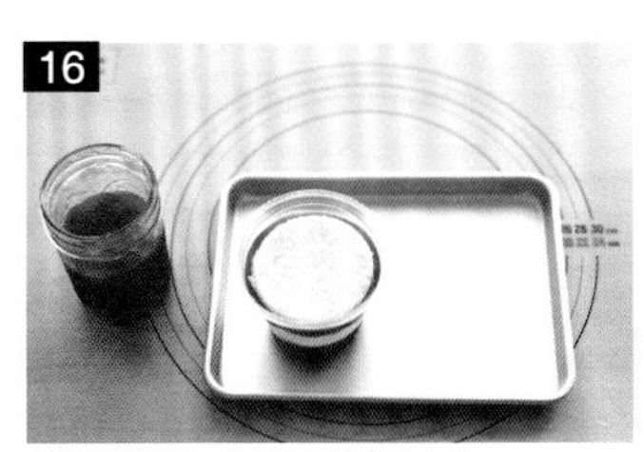

放一片海绵蛋糕。

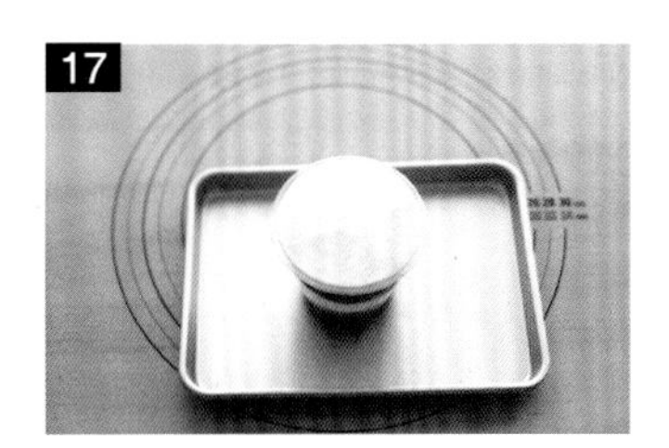

在最上层涂抹上奶酪奶油，用刮刀抹平，放入冰箱中冷藏 30 分钟。

装饰用的圣女果，留一个带蒂的完整圣女果，剩下的对半切开。

取出提拉米苏，在表面筛上防潮糖粉。

根据喜好用圣女果和薄荷叶装饰提拉米苏。

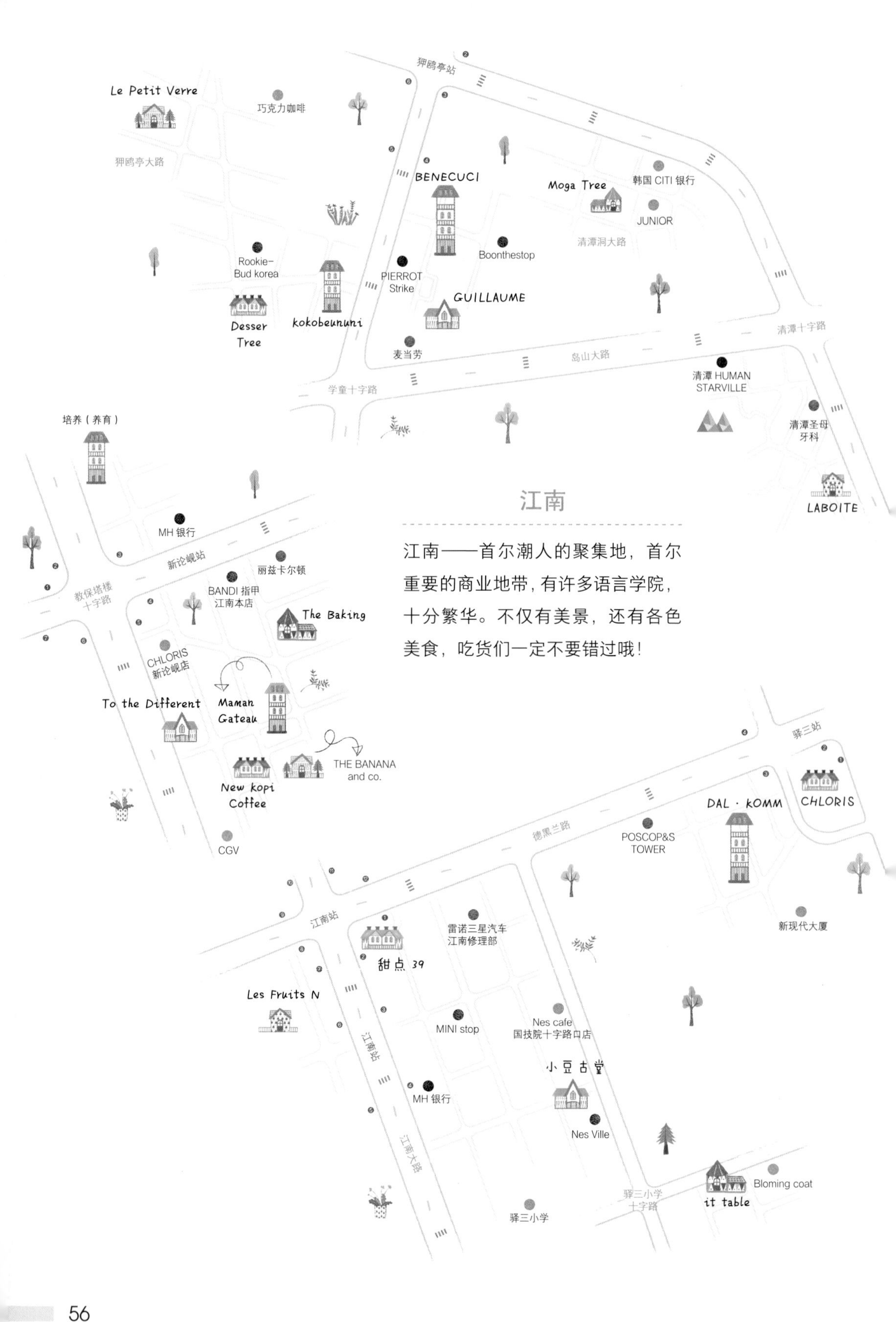

江南

江南——首尔潮人的聚集地，首尔重要的商业地带，有许多语言学院，十分繁华。不仅有美景，还有各色美食，吃货们一定不要错过哦！

第二章

江南

提拉米苏挞

将奶油倒入挞皮之前，一定要先涂上蛋液，这样烤出来的挞皮才会有酥脆的口感，如果不涂抹蛋液，倒入的奶油很快就会塌掉。

材料 〔直径 21cm 的挞 1 个〕

海绵蛋糕

鸡蛋……2 个
白砂糖……55g
蜂蜜……10g
低筋面粉……60g
黄油……10g
牛奶……10g

挞皮

黄油……80g
糖粉……40g
盐……少许
鸡蛋……28g
低筋面粉……130g
杏仁粉……20g
香草籽……少许
* 用来涂抹挞皮的鸡蛋液少许
* 防粘用低筋面粉少许

巧克力奶糊

黑巧克力……20g
鲜奶油……20g

咖啡糖浆

水……100g
白砂糖……40g
速溶咖啡……4g
可可利口酒……20g

奶酪奶油

蛋黄……30g
白砂糖……40g
鲜奶油……100g
香草籽……少许
吉利丁片……3g
马斯卡彭奶酪……250g
鲜奶油（打发用）……150g
白砂糖（打发用）……10g
无糖可可粉……少许

●工具

搅拌碗，刮板，擀面杖，保鲜膜，叉子，油纸，重石，硅胶铲，打蛋器，电动打蛋器，面粉筛，案板，刮刀，刷子，面包刀，挞模，圆形蛋糕模，小锅，烘焙转盘

制作方法

制作挞皮。将低筋面粉、杏仁粉、糖粉、盐、香草籽筛入搅拌碗中，放入软化的黄油，用刮板使其与面粉混合。

用双手将黄油和面粉揉搓混合成颗粒状。

打入鸡蛋。

用刮板搅拌均匀。

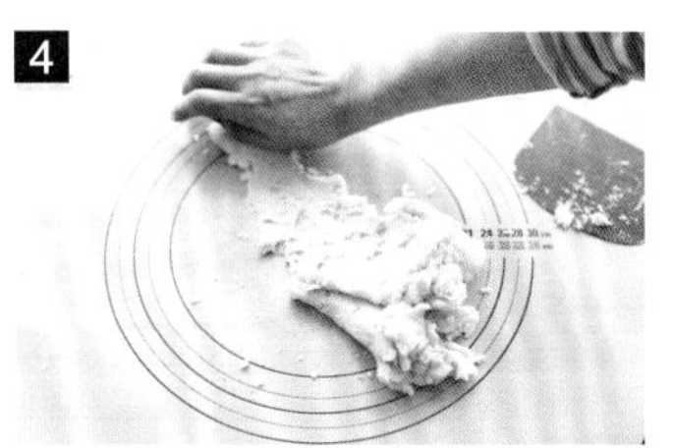

将面团移到案板上，往同一方向揉搓 3 下后，用刮板将面团聚到一起，揉成团，用保鲜膜包好，放入冰箱冷藏 1 小时。

制作海绵蛋糕。将黄油和牛奶混合，隔水加热备用。小锅内倒入热水，将搅拌碗的碗底浸入小锅中，打入 2 个鸡蛋，搅拌均匀，再倒入白砂糖和蜂蜜，搅拌均匀直至有气泡产生。

撤下搅拌碗，打发至蛋液细腻柔顺，提起电动打蛋器时，有丝带状蛋液悬挂即可。

在蛋液中筛入低筋面粉，用硅胶铲搅拌均匀至无干粉残留。

然后倒入化开的黄油和牛奶，继续搅拌均匀。

将面糊倒入圆形蛋糕模中，放入预热至 170℃ ~180℃的烤箱中烘烤 20~25 分钟。烤好脱模后放在晾网上冷却，将冷却的海绵蛋糕切成 1cm 厚的切片。

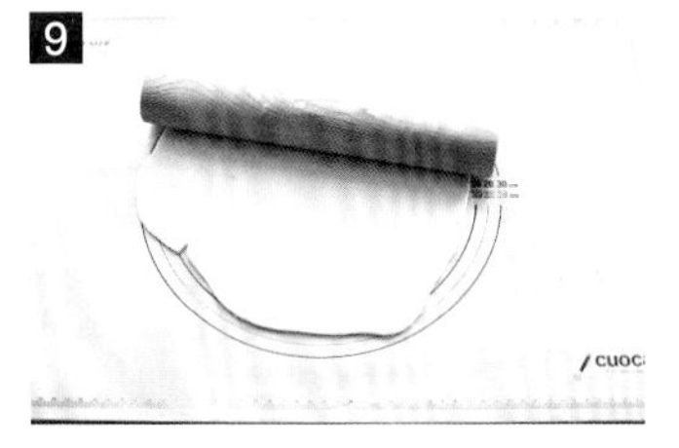

取出冷藏好的面团，用擀面杖擀成 3mm 厚的面片。

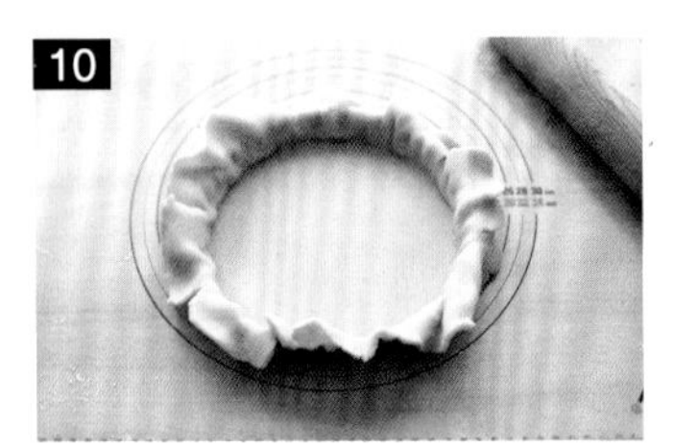

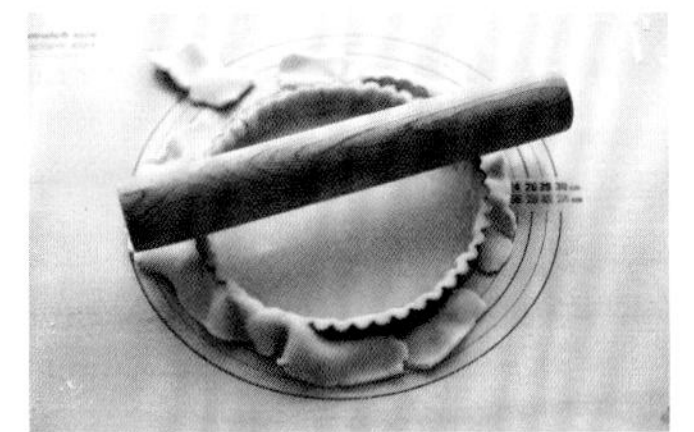

将面片垫在挞模中，用擀面杖擀去四周多余的面片。

按压面片，使之与模具贴合，用叉子扎几排小孔，放入冰箱冷藏10~20分钟。

在面片表面铺上油纸，放上重石（大米或者豆子），放入预热至160℃的烤箱烘烤30分钟。

烤好后，拿开挞模上的重石和油纸，均匀地刷上蛋液。再次放入160℃的烤箱内烘烤5~10分钟。从烤箱中取出，冷却后脱模。

制作巧克力奶糊。将黑巧克力隔水加热化开后，倒入鲜奶油，搅拌均匀。

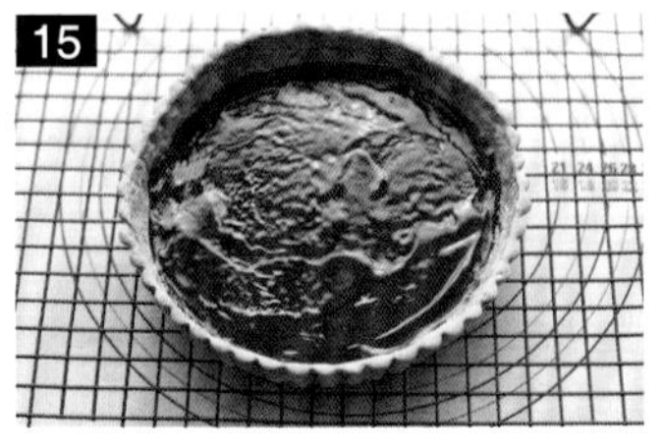

在挞底刷上一层薄薄的巧克力奶糊，放入冰箱冷藏。

制作咖啡糖浆。将水、白砂糖、速溶咖啡放入小锅中熬煮至咖啡化开，冷却后倒入可可利口酒。

制作奶酪奶油。吉利丁片用冰水浸泡。将鲜奶油和香草籽稍微煮一会儿。在搅拌碗中倒入蛋黄、白砂糖，搅拌均匀，再倒入煮好的奶油，搅拌均匀，然后再倒回小锅中熬煮。

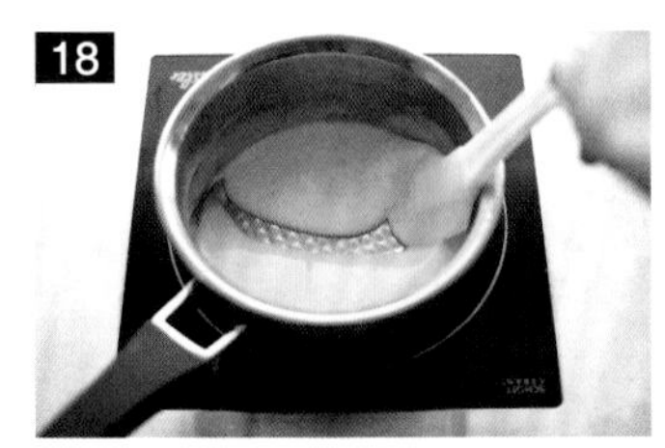

用小火或中火慢慢熬煮，并用硅胶铲不断在锅里画“8”字搅拌，直至硅胶铲划过蛋奶糊时可以清晰看到锅底。

将蛋奶糊加热至84℃，关火，把泡发的吉利丁片挤干水分后放入小锅中，搅拌均匀。

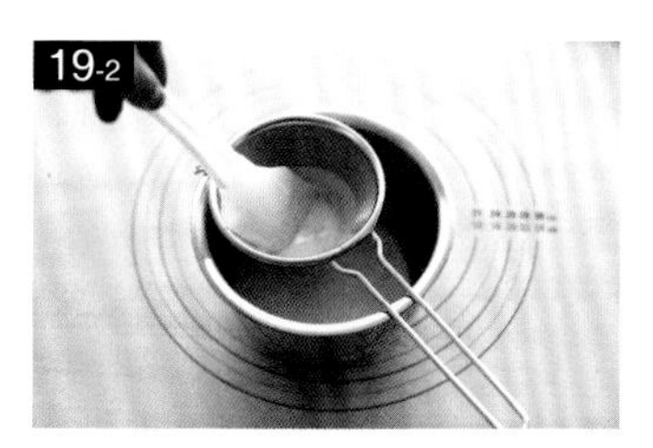

筛入搅拌碗中。

在另一个搅拌碗中打发马斯卡彭奶酪，倒入放凉的蛋奶糊，搅拌均匀。

再取一个搅拌碗，放在冰水上，加入冰凉的鲜奶油和白砂糖，打发至奶油表面有明显纹路即可。

将鲜奶油分 3 次加入蛋奶糊中，第一次加入鲜奶油时用打蛋器搅拌均匀，后两次用硅胶铲搅拌均匀。

将海绵蛋糕切成约 1cm 厚的切片，再切一张直径 12~13cm、厚 1cm 的切片。

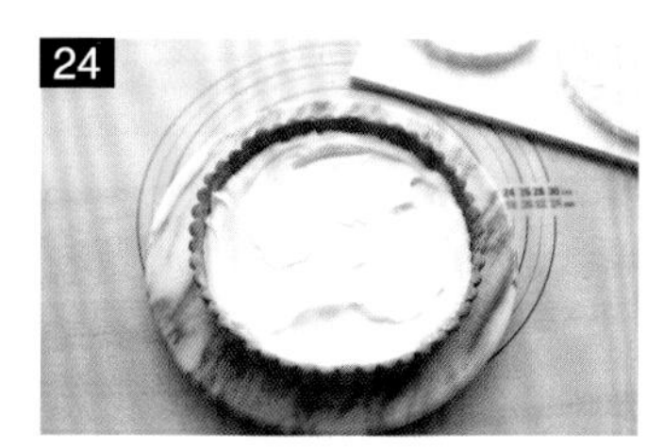

将涂抹了巧克力奶糊的挞皮从冰箱取出，涂抹一层薄薄的奶酪奶油。

放上一片直径 15cm 的海绵蛋糕切片。

用刷子在蛋糕片表面反复涂抹咖啡糖浆，使蛋糕片湿软。

然后涂上大量的奶酪奶油。

放上另一片较小的切片，同样涂抹上咖啡糖浆。

将所有奶油涂抹在挞上，用刮刀刮出一个圆顶状。将挞放在转盘上，一边转一边用刮刀刮成螺旋状，然后放入冰箱冷藏一会儿。

在提拉米苏挞表面筛上一层薄薄的无糖可可粉。面包刀过热水后擦干，切出的挞形状更漂亮。

香草手指泡芙

手指泡芙的面糊要比蛋糕面糊稍稠。

材料 〔长度 12cm 的手指泡芙 9 个〕

手指泡芙面糊

水	50g
牛奶	50g
黄油	43g
盐	1.5g
白砂糖	1.5g
低筋面粉	55g
蛋液	75g
糖粉	少许

香草奶油

牛奶	250g
蛋黄	43g
白砂糖	60g
玉米淀粉	25g
香草豆荚	1/2 根
鲜奶油	50g

糖霜

糖粉	90g
牛奶	21g
香草籽	少许

装饰用

金箔	少许

●工具

打蛋器，搅拌碗，面粉筛，硅胶铲，小锅，烤盘，烤盘，裱花袋，星星裱花嘴，小裱花嘴

制作方法

1

2

制作面糊。将水、牛奶、盐、黄油、白砂糖倒入小锅中，煮至黏稠。

煮好后关火，将低筋面粉筛入锅中，搅拌均匀。然后开中火煮一会儿，使其结块。

如果不充分熬煮面糊，做出的面团在烘烤过程中就无法很好地膨胀起来。

3

4

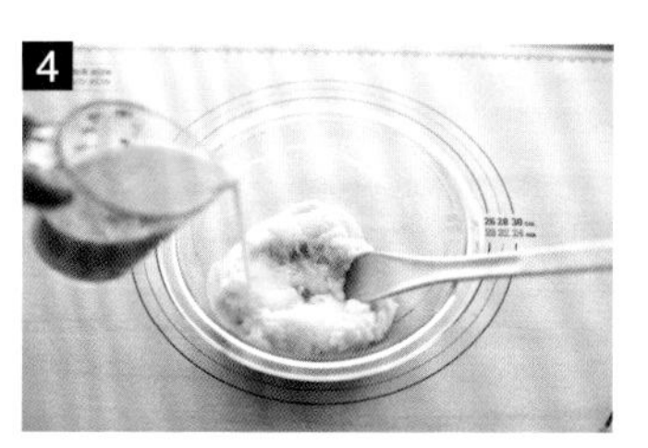

当小锅的内壁出现白色薄膜时，将面块按压成团，关火。

将面团放入搅拌碗中，在面团冷却之前倒入一半蛋液，搅拌均匀。然后一边倒入剩余的蛋液，一边搅拌均匀。

5

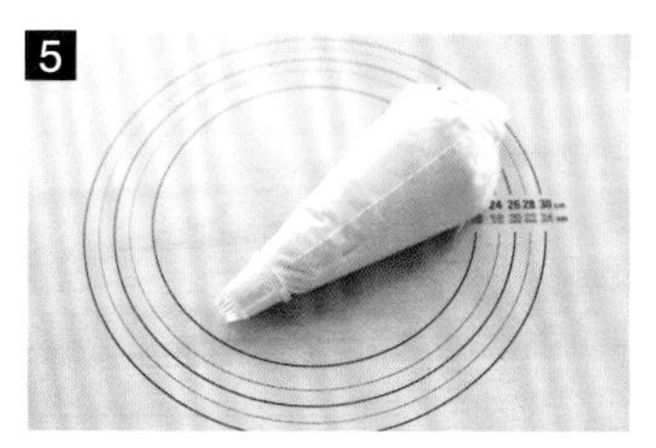

6

将面糊装入裱花袋中，在烤盘上挤出约 12cm 长的面糊，在表面筛上两遍糖粉。放入预热至 160℃的烤箱中烘烤 25~30 分钟。在烘烤过程中，不要打开烤箱。

制作香草奶油。将牛奶和香草籽倒入小锅中稍微煮一会儿。

7

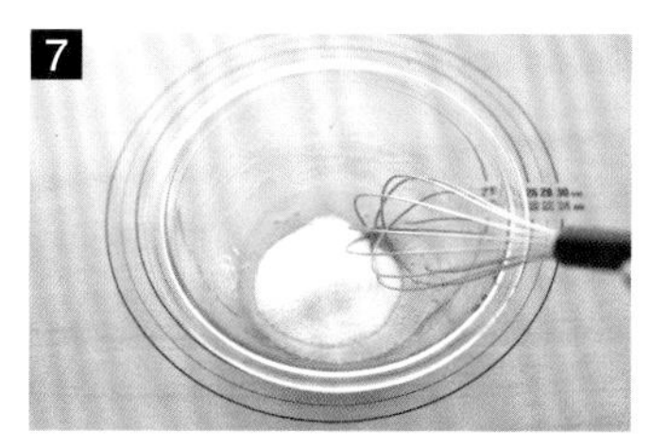

8

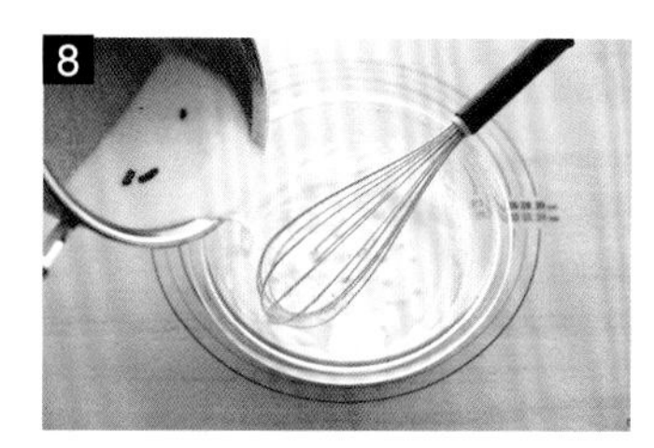

将蛋黄倒入搅拌碗中，加入白砂糖，搅拌均匀。再加入玉米淀粉，搅拌均匀。

将煮好的牛奶倒入搅拌碗中，快速搅拌均匀。

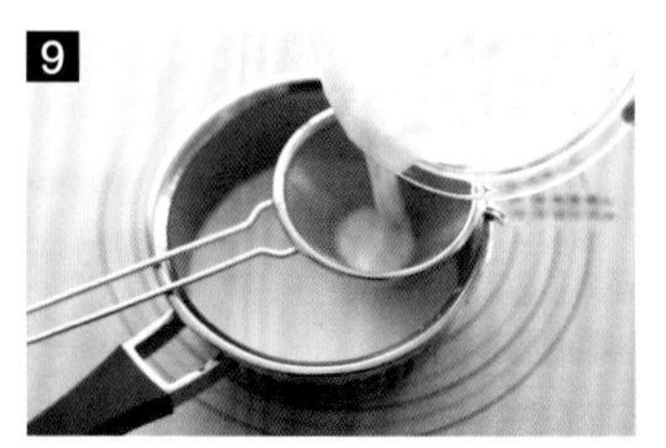

将蛋奶糊筛入小锅中，开中火，用打蛋器一边搅拌一边煮。一定要用打蛋器搅拌，以防煳锅，熬至锅里的蛋奶糊冒出大气泡，表面柔顺光滑时就可以了。

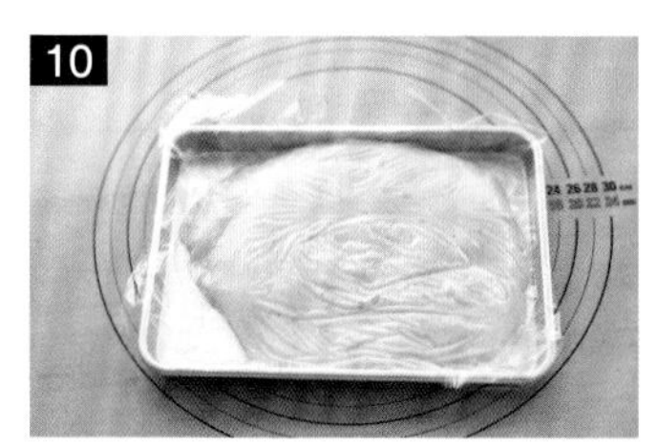

将煮好的蛋奶糊摊在烤盘里，铺上保鲜膜，将烤盘放在冰水上或者放入冰箱冷藏冷却。

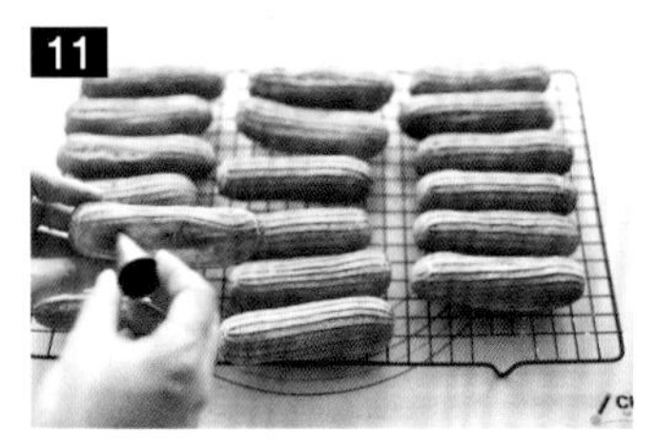

在冷却的手指泡芙表面用小裱花嘴戳2~3个并排的孔，方便挤入奶油。

将冰冷的鲜奶油放入搅拌碗中，打发，在另一个搅拌碗中倒入冷却的蛋奶糊，用打蛋器搅拌至顺滑，然后倒入打发好的鲜奶油，搅拌均匀。将做好的香草奶油倒入装有小裱花嘴的裱花袋中，挤入手指泡芙内。

制作糖霜。将糖粉筛入牛奶中，用打蛋器搅拌均匀，放入少许香草籽，搅拌均匀。在手指泡芙表面蘸上一层糖霜。

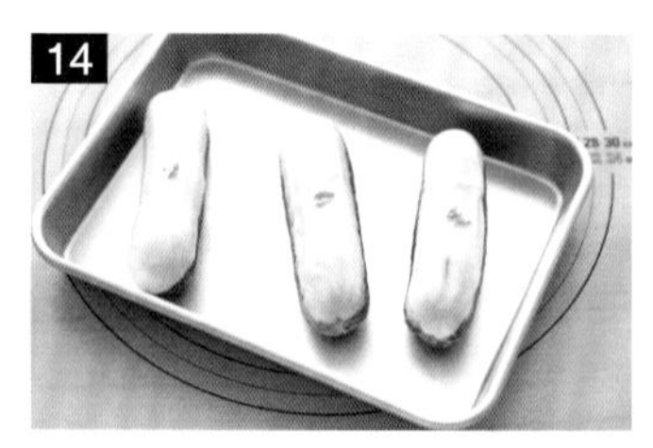

在糖霜表面放一点金箔做装饰，最好放入冰箱冷藏保存。

巧克力手指泡芙

手指泡芙的表面可以涂抹上一层巧克力奶糊或巧克力，口感更酥脆。

材料 〔长度为 12cm 的手指饼干 9 个〕

手指泡芙面糊

水…………………………… 50g
牛奶………………………… 50g
黄油………………………… 43g
盐…………………………… 1.5g
白砂糖……………………… 1.5g
低筋面粉…………………… 55g
蛋液………………………… 75g
糖粉………………………… 少许

巧克力奶油

牛奶………………………… 250g
蛋黄………………………… 40g
白砂糖……………………… 58g
玉米淀粉…………………… 22g
香草豆荚…………………… 1/2 根
黑巧克力…………………… 40g
鲜奶油……………………… 40g

巧克力奶糊

黑巧克力…………………… 60g
鲜奶油……………………… 60g

装饰用

可可豆……………………… 少许

●工具

打蛋器，搅拌碗，面粉筛，硅胶铲，小锅，烤盘，裱花袋，星星裱花嘴，小裱花嘴

制作方法

1 制作面糊。将水、牛奶、盐、黄油、白砂糖放入小锅中，煮至黏稠。煮好后关火，筛入低筋面粉，搅拌均匀。

2 开中火煮一会儿，使其结块。当小锅的内壁出现白色薄膜时，将面块按压成团，关火。

3-1 将面团放入搅拌碗中，在面团冷却之前倒入一半蛋液，搅拌均匀。然后一边倒入剩余的蛋液，一边搅拌均匀。

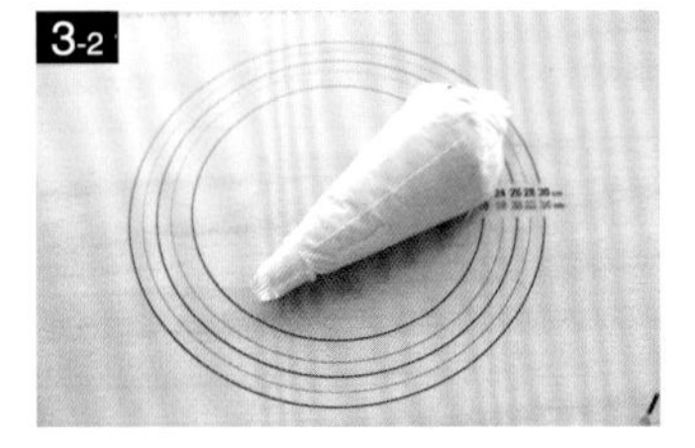

3-2 将面糊装入裱花袋中。

4 在烤盘上挤出约 12cm 长的面糊，在表面筛上两遍糖粉。放入预热至 160℃的烤箱中烘烤 25~30 分钟，放置冷却。

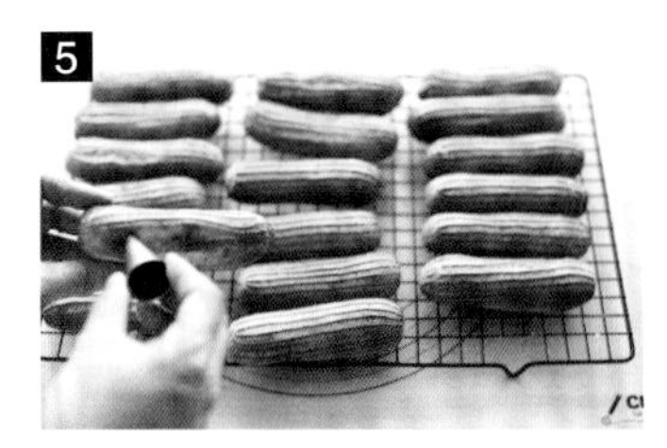

5 在冷却的手指泡芙表面用小裱花嘴戳 2~3 个并排的孔，方便挤入奶油。

制作巧克力奶油。将牛奶和香草籽倒入小锅中稍微煮一会儿。将蛋黄倒入搅拌碗中，加入白砂糖，搅拌均匀。再加入玉米淀粉，搅拌均匀。将煮好的牛奶倒入搅拌碗内，快速搅拌均匀。

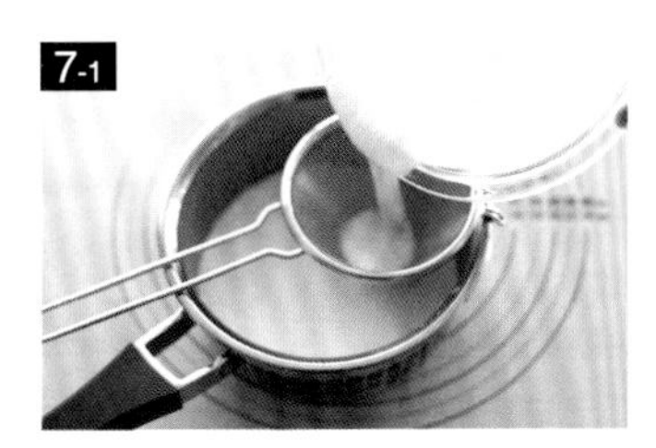

将蛋奶糊筛入小锅中，开中火，用打蛋器一边搅拌一边煮。

煮至锅里的蛋奶糊冒出大气泡，表面柔顺光滑时就可以了。

将煮好的蛋奶糊摊在烤盘里，铺上保鲜膜，将烤盘放在冰水上冷却或者放入冰箱冷藏冷却。

将化开的鲜奶油和黑巧克力放入搅拌碗中，隔水加热，搅拌均匀。

在搅拌碗中放入冷却的蛋奶糊，搅拌顺滑后，倒入化开的黑巧克力和鲜奶油，搅拌均匀。巧克力奶油就制作完成了。

将巧克力奶油倒入装有小裱花嘴的裱花袋中，挤入手指泡芙内。

将鲜奶油和黑巧克力隔水加热化开后制成**巧克力奶糊**。

在手指泡芙表面蘸上一层巧克力奶糊，表面筛上一层可可粉即可。放入冰箱冷藏后，口感更佳。

桃子红茶蛋糕卷

在挤出面糊棒时，要先沿对角线或直线挤出一条，挤满一侧后，再挤满另一侧，这样整个蛋糕片的形状会比较好看。一定要从中心开始并列挤出面糊棒。

材料 〔30cm × 30cm 的方形蛋糕盘 1 个，或 32cm × 28cm 的烤盘 1 个〕

红茶蛋糕片

鸡蛋…………3 个
白砂糖…………90g
低筋面粉…………78g
玉米淀粉…………5g
红茶粉…………7g
糖粉…………适量

桃子糖浆

水…………160g
白砂糖…………80g
樱桃甜酒…………20g
柠檬汁…………5g

奶油

马斯卡彭奶酪…………40g
鲜奶油…………220g
白砂糖…………20g
香草精…………少许
樱桃甜酒…………5g

其他材料

桃子…………2 个

●工具

搅拌碗，打蛋器，面粉筛，小锅，硅胶铲，油纸，烤盘，刷子，圆形裱花嘴，裱花袋，刮刀，厨房用纸，面包刀

制作方法

在烤盘中铺上裁剪好的油纸，并将油纸折出一条对角线，作为挤面糊棒的标识。

桃子削皮、去核。将水和白砂糖混合熬煮好，冷却后加入樱桃甜酒和柠檬汁，搅拌均匀。将桃子切成半月状放在糖浆中腌制 2~3 个小时，在使用前放入冰箱冷藏。

制作红茶蛋糕片。分离鸡蛋的蛋白、蛋黄。稍微打发蛋白，白砂糖分 3~4 次加入，继续打发，直到蛋白表面有小角立起。

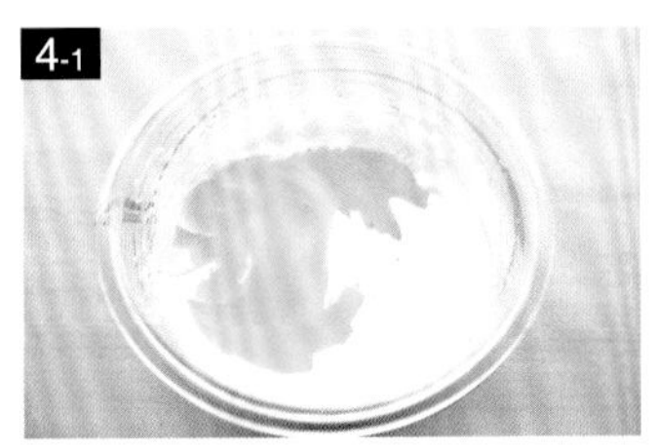

将打散的蛋黄液倒入打发的蛋白中，搅拌均匀。

分别筛入低筋面粉、玉米淀粉和红茶粉，用硅胶铲快速搅拌均匀。

将面糊倒入装有直径 1cm 圆形裱花嘴的裱花袋中，沿着对角线挤出一条面糊棒，再紧靠着它挤出并列的面糊棒，直至挤满蛋糕盘。将糖粉分两次筛在面糊棒表面。放入预热至 180℃的烤箱中烘烤 10~13 分钟。

烤好的蛋糕片脱模后放在晾网上冷却。如果放置过久，在卷蛋糕卷时蛋糕片容易碎裂，因此只需稍微晾凉后即可涂抹上奶油食用，或放入保鲜袋中保存。

制作奶油。在搅拌碗中放入马斯卡彭奶酪，搅拌顺滑后加入白砂糖，搅拌均匀，倒入一部分鲜奶油，搅拌至均匀顺滑，加入剩余的奶油，并将搅拌碗放在冰水上打发。

当打发至奶油表面有明显的纹路时，加入香草精和樱桃甜酒，继续打发。

用刷子蘸上桃子糖浆，涂抹在蛋糕片平整的一面。

打发好的奶油用刮刀均匀地涂抹在蛋糕片上，边缘处留出 1cm。中间位置的奶油可以涂抹得稍微厚一点。

将沥干的桃子块在蛋糕饼表面摆3行。

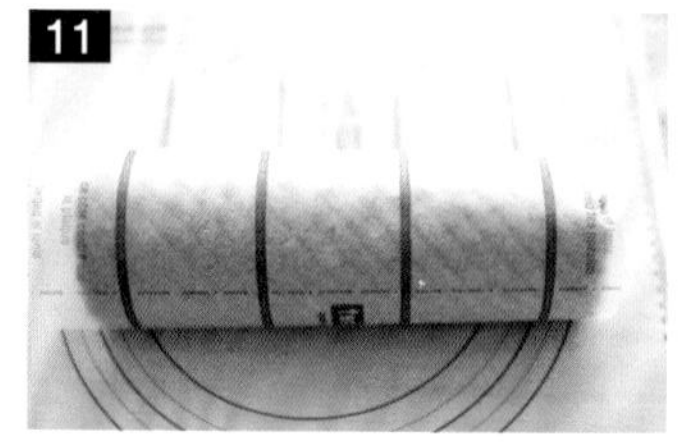

手按油纸将蛋糕卷起来，如果还有剩余奶油，可以用刮刀涂抹在蛋糕卷的两侧。

卷好的蛋糕卷放在冰箱中冷藏 30 分钟。面包刀过热水后擦干，再切蛋糕。

红丝绒杯子蛋糕

黄油和奶油奶酪使用前须先放置室温下软化，否则混合时易出现颗粒。冰冷的蛋液不易与面糊混合，使用前须先使鸡蛋恢复常温。

材料〔玛芬蛋糕模约 10 个〕

黄油……80g
白砂糖……100g
盐……少许
鸡蛋……1个
蛋黄……1个
香草精……少许
低筋面粉……140g
无糖可可粉……10g
泡打粉……3g
小苏打……1g
酪乳……100g
白醋……10g
食用色素（红色）……5g

糖霜

奶油奶酪……150g
黄油……60g
糖粉……150g
鲜奶油……20g

●工具

搅拌碗，打蛋器，硅胶铲，裱花袋，玛芬蛋糕模，玛芬蛋糕纸杯，刮刀，面粉筛

制作方法

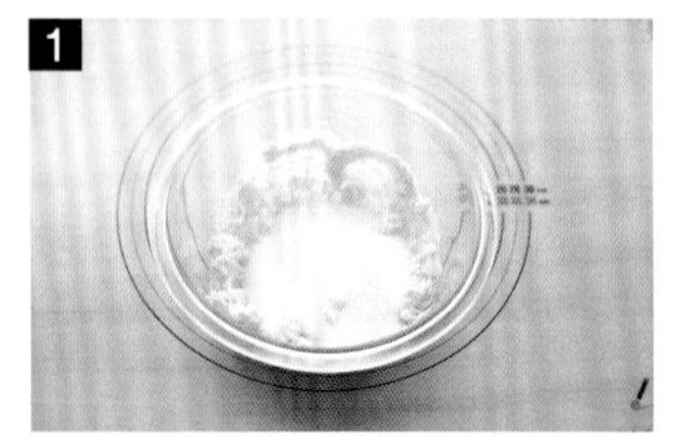

1 搅拌碗中放入软化的黄油、白砂糖和盐，搅拌均匀。当黄油搅拌至发白时，倒入蛋液和蛋黄，搅拌均匀。

2 加入香草籽和食用色素，搅拌均匀，倒入 50g 酪乳，搅拌均匀。

3 将低筋面粉、无糖可可粉、泡打粉、小苏打过筛混合，将混合粉类的 1/2 倒入搅拌碗中，搅拌均匀。再将剩下的酪乳和粉类全部倒入搅拌碗中，搅拌均匀。

4 倒入食醋，搅拌均匀。

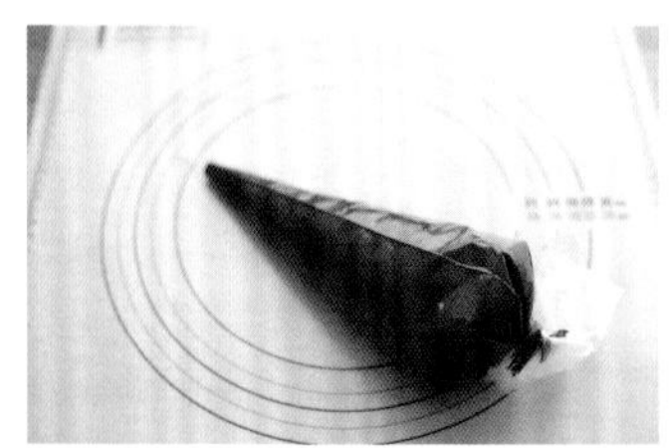

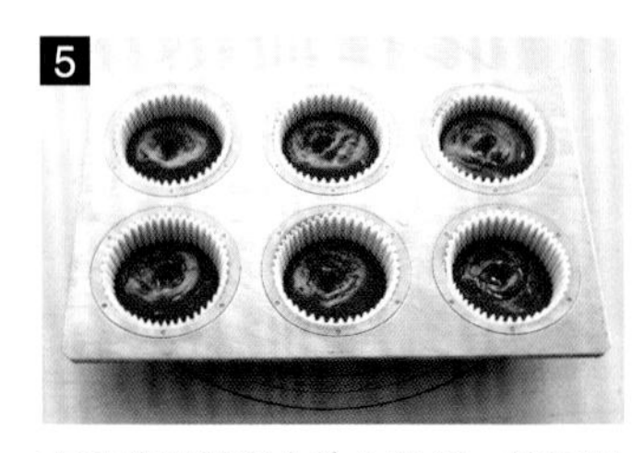

5 在玛芬蛋糕模中放入纸杯，将面糊挤入纸杯中，约挤至蛋糕杯的 2/3 处。放入预热至 170℃的烤箱中烘烤 25~30 分钟。烤好后脱模，放在晾网上冷却。

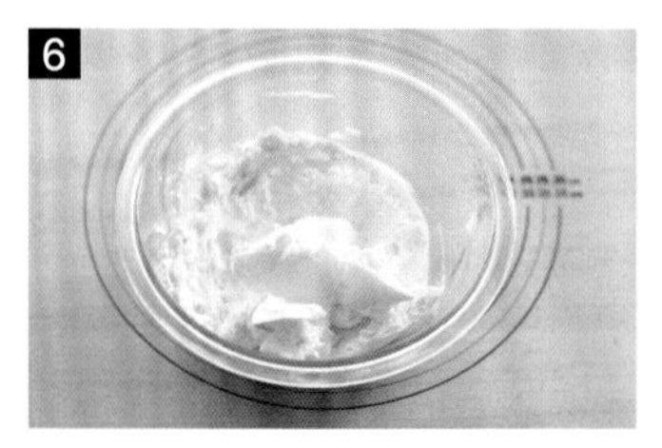

6 制作糖霜。将奶油奶酪提前放在室温下软化，放入搅拌碗中，再放入软化的黄油，搅拌均匀。

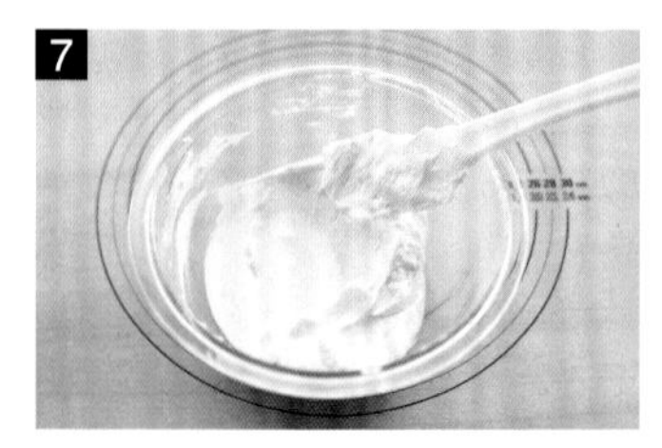

7 加入糖粉，搅拌均匀。可以先用硅胶铲搅拌，再用打蛋器搅拌。最后加入鲜奶油，搅拌均匀。

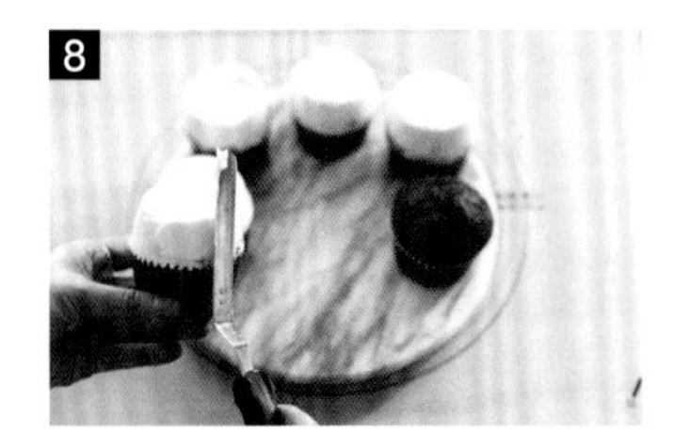

8 用刮刀将糖霜涂抹在蛋糕表面，刮出圆台造型。

9 制作装饰粉。切下少许杯子蛋糕，磨成粉末过筛。

10 在蛋糕表面撒少许装饰粉末即可。

香草可丽饼

薄薄的可丽饼之间夹上多层奶油，口感更佳。一般家庭没有制作可丽饼的专用工具，用小锅摊饼就可以了。

材料 〔直径 18cm 的饼 19 张〕

化开的黄油…………………… 少许

可丽饼

低筋面粉…………………… 110g
鸡蛋……………………………3 个
白砂糖………………………… 50g
牛奶………………………… 370g
化开的黄油………………… 20g
盐…………………………… 少许
香草籽……………………… 少许

香草奶油

鲜奶油……………………… 250g
马斯卡彭奶酪……………… 125g
白砂糖………………………… 48g
香草豆荚…………………… 1/4 根

其他材料

化开的黄油………………… 少许

●工具

搅拌碗，打蛋器，硅胶铲，平底锅，筷子，保鲜膜，厨房用纸，烤盘，刮刀，烘焙转盘

制作方法

制作可丽饼面糊。将低筋面粉、白砂糖、盐筛入搅拌碗中，打入鸡蛋，用打蛋器搅拌均匀。牛奶要分多次倒入搅拌碗中，每次倒入后搅拌均匀。

加入香草籽和化开的黄油，搅拌均匀。

可丽饼面糊要做得稀一些，方便摊成薄饼。面糊制作完成后，开中火加热平底锅。

平底锅中倒入化开的黄油，再倒入适量的可丽饼面糊，制作出薄薄的可丽饼。30g 的面糊就可以制作直径 17~18cm 的可丽饼。由于可丽饼非常薄，大约只需要煎 1 分 30 秒，之后用筷子将其翻面，再煎 20~30 秒即可出锅。

在烤盘上铺上厨房用纸，将做好的可丽饼叠放在一起。为防止可丽饼水分流失，可以在上面盖一层保鲜膜。

制作香草奶油。在搅拌碗中放入马斯卡彭奶酪，搅拌均匀，加入白砂糖和香草籽，搅拌均匀。再放入 1/3 鲜奶油，搅拌均匀。

将搅拌碗放在冰水上，加入剩余的奶油，用打蛋器打发至奶油表面出现明显纹路即可。

将可丽饼放在转盘上，每放上一张可丽饼，就抹上一层奶油，重复此操作。最后盖上一层可丽饼。奶油的厚度比可丽饼稍厚就可以了。

长崎蛋糕

将面糊放入烤箱烘烤 1~2 分钟后，稍微搅拌，这样面糊中的气泡不会很大，而且面糊会烤得比较均匀。刚开始烘烤的这段时间，多搅拌几次面糊，这样做出的蛋糕会比较绵软。最好选用低筋面粉，这样蛋糕口感更好。

材料 〔20cm × 10cm × 8.5cm 蛋糕 1 个〕

材料	用量
蛋液	170g
蛋黄	30g
白砂糖	100g
海藻糖	30g
蜂蜜	25g
味醂	10g
水	15g
葡萄籽油	30g
低筋面粉	100g

●工具

搅拌碗，打蛋器，电动打蛋器，硅胶铲，蛋糕模具，厨房用纸，烤盘，保鲜膜，油纸，小锅，面粉筛，不锈钢小方盒，面包刀

制作方法

将两个烤盘叠放在一起，上面铺上四张厨房用纸，放上蛋糕模具，将裁剪好的油纸垫在模具内。

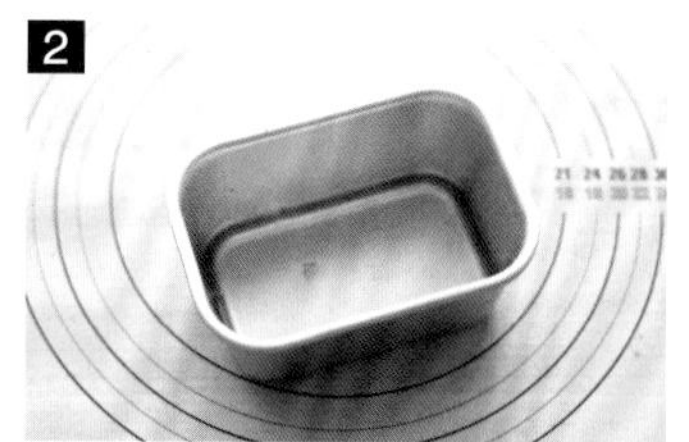

不锈钢小方盒中倒入蜂蜜、味醂和水，隔水加热使之混合均匀。

在搅拌碗中倒入蛋液、蛋黄，搅拌后加入白砂糖、海藻糖，隔水加热，搅拌均匀。

一直搅拌至白砂糖化开。加热至蛋液接近人的体温时，撤下搅拌碗。

用电动打蛋器高速打发蛋液，出现泡沫后倒入不锈钢小方盒中的蜂蜜混合液，继续打发，倒入葡萄籽油，搅拌均匀。

用电动打蛋器分低速、中速、高速三挡打发至表面顺滑。提起打蛋器有丝带状奶油悬挂即可。

将低筋面粉筛入搅拌碗中，搅拌至表面均匀顺滑、无面粉颗粒残留。

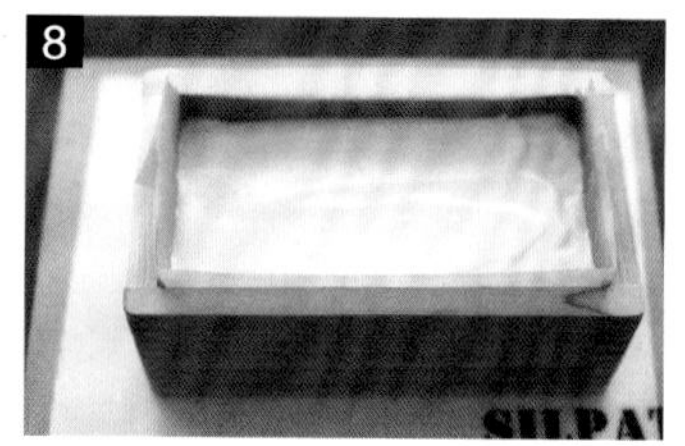

将面糊倒入 20cm 长的蛋糕模具中，抹平表面面糊。

将面糊放入预热至 180℃的烤箱中烘烤 1~2 分钟，打开烤箱门，用硅胶铲稍微搅拌一下。再烘烤 1~2 分钟，搅拌一下，过 1 分钟后再次打开烤箱搅拌一下。然后将烤箱温度调至 155℃烘烤 15~20 分钟。

如果想烤出表面平整的蛋糕可观察面糊，当面糊表面烤出焦黄色时，将烤盘盖在表面，再烘烤 20 分钟左右。

烤好后，将蛋糕脱模，用保鲜膜包好，静置冷却。

撤掉蛋糕表面的油纸，用过热水后擦干的面包刀切片。

纽约芝士蛋糕

在烘烤芝士蛋糕时，可以使用一般的圆形蛋糕模，也可以使用底部可分离的模具，隔水加热前要先用锡纸包裹住模具，防止水渗入蛋糕。芝士蛋糕烤好后，静置冷却后放入冰箱冷藏一会儿，冰凉的蛋糕口感更好。

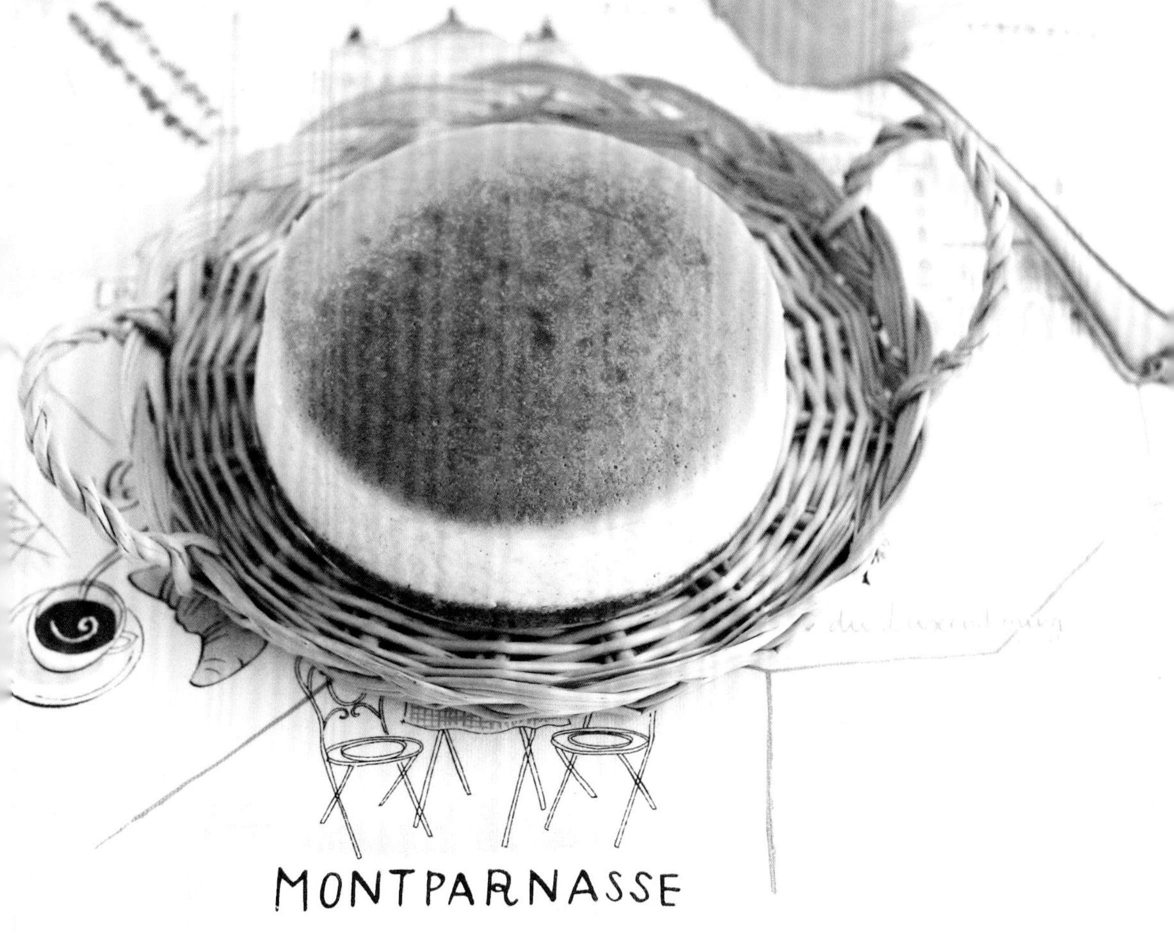

材料 〔直径 15cm 的圆形模具 1 个〕

奶油奶酪…………………… 300g
无糖酸奶…………………… 200g
鲜奶油……………………… 55g
白砂糖……………………… 90g
鸡蛋………………………2 个
柠檬汁……………………… 10g
香草豆荚………………… 1/4 根
玉米淀粉…………………… 15g

饼干底

谷物饼干…………………… 80g
黄油……………………… 20g

●工具

搅拌碗，打蛋器，硅胶铲，油纸，圆形蛋糕模，烤盘，擀面杖，塑料密封袋，面粉筛

制作方法

将谷物饼干装在塑料密封袋中，用擀面杖碾碎。再将软化的黄油放入塑料密封袋中，与饼干碎揉捏混合。

把裁剪好的油纸垫在圆形模具内，将混合了黄油的饼干碎倒入模具中，抹平表面，放入冰箱冷藏。

在搅拌碗中放入奶油奶酪。奶油奶酪须提前放在室温下软化，也可以用微波炉稍微加热软化。

倒入无糖酸奶，搅拌均匀。

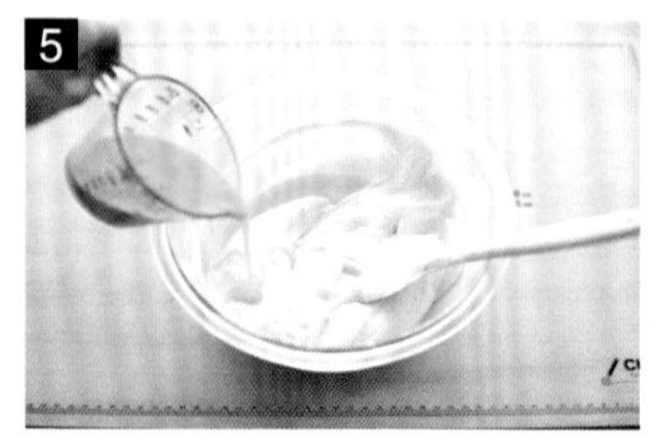

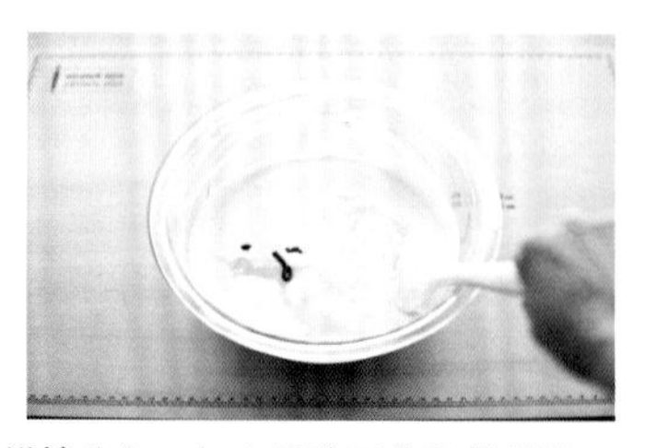

将鸡蛋打散后一点点倒入搅拌碗中，搅拌均匀，加入香草豆荚和柠檬汁，继续搅拌。

将玉米淀粉和白砂糖筛入搅拌碗中，放入鲜奶油，搅拌均匀。

将面糊倒入圆形蛋糕模中，隔水加热。然后放入预热至 150℃的烤箱中烘烤 1 小时左右。烤好后静置冷却，放入冰箱冷藏一会儿后脱模。

焦糖冰激凌

将焦糖奶油替换成巧克力酱，即可做出巧克力冰激凌。可以根据自己的喜好用不同的材料制作不同的冰激凌。

材料 〔2 人份〕

焦糖奶油	
鲜奶油	150g
白砂糖	130g
水	15g

冰激凌	
牛奶	450g
香草豆荚	1/2 根
白砂糖	80g
蛋黄	5 个
鲜奶油	100g

●工具

搅拌碗，打蛋器，面粉筛，小锅，硅胶铲，密封容器，叉子

制作方法

制作焦糖奶油。将白砂糖、水倒入小锅中，开小火或中火煮至变色。在另一个小锅中煮鲜奶油。

在熬糖时要一边搅拌一边熬煮，直至变色。

关火后，倒入煮好的鲜奶油，搅拌均匀。

倒入玻璃瓶中备用。

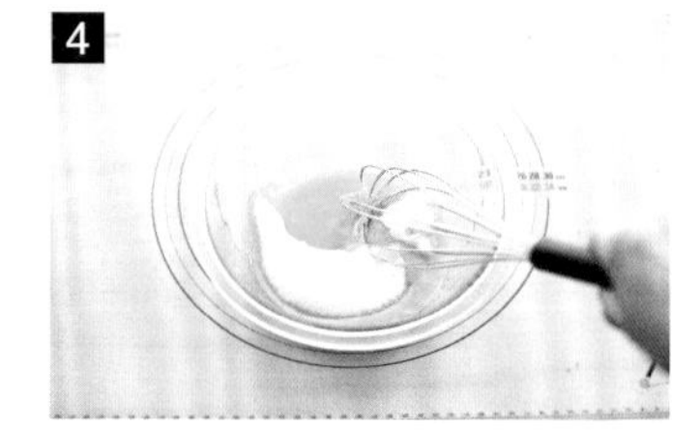

制作冰激凌。将牛奶、鲜奶油、香草籽放入小锅中熬煮一会儿，在搅拌碗中放入蛋黄，打散后加入白砂糖，搅拌均匀。倒入煮好的奶油，搅拌均匀。

将搅拌碗中的奶油倒入小锅中，边用小火或中火熬煮，边用硅胶铲画“8”字搅拌。若使用电磁炉，火力保持 84℃即可。熬煮至拿出硅胶铲，硅胶铲上有明显的奶油残留就可以了。

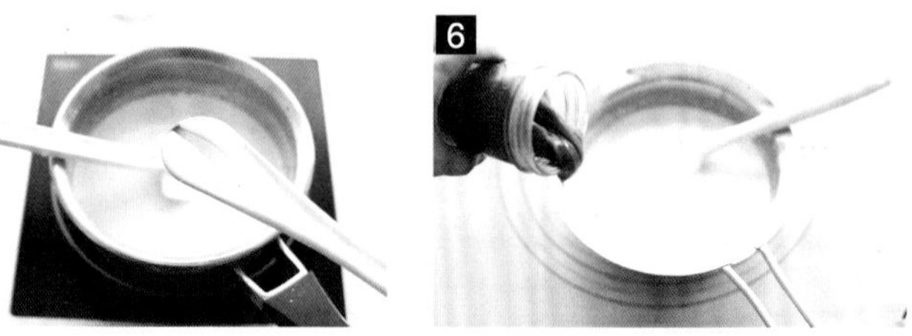

将煮好的奶油筛入搅拌碗中，再倒入提前制作好的焦糖奶油，搅拌均匀后静置冷却。

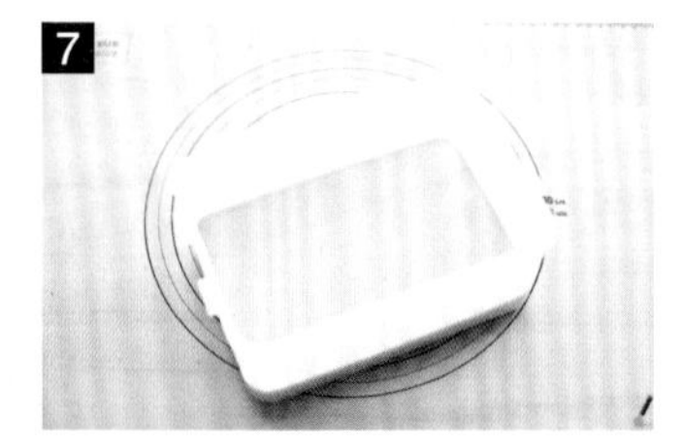

将冷却的奶油倒入一个带盖子的方盒中，放入冰箱。当冰激凌上冻至 8 分硬时，拿出来，用叉子搅松表面的冰激凌。重复此操作，在全部冻住前拿出来搅松 3 次，再放入冰箱中冷冻一会儿即可食用。

椰蓉司康饼

司康饼烤好后立刻食用，味道最好。食用冷冻的司康饼前，可以先放在小锅或微波炉中加热一下。涂上果酱或奶油吃会更美味哦！也可以夹入果酱或者奶油一起吃。

材料〔直径 5cm 的圆形饼干模 8~9 个〕

椰蓉…………………………… 30g
低筋面粉………………… 150g
泡打粉……………………… 6g
盐…………………………… 1g
白砂糖……………………… 30g
黄油………………………… 50g
椰子汁……………………… 70g
椰子汁（刷表面用）…… 少许
手粉……………………… 少许

●工具

搅拌碗，刮板，直径 5cm 的圆形饼干切模，擀面杖，保鲜膜，烤盘，刷子

制作方法

1

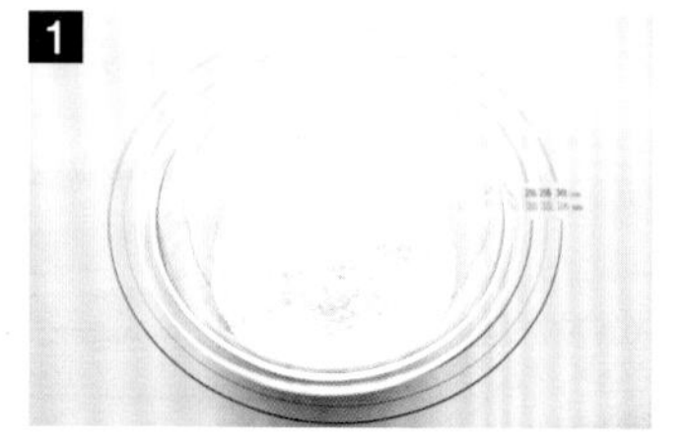

将低筋面粉、泡打粉、盐、白砂糖筛入搅拌碗中。再放入椰蓉，搅拌均匀。加入软化的黄油。

2-1

用刮板将黄油与粉类搅拌均匀。

2-2

倒入椰子汁，用刮板搅拌后揉捏成一个面团。

3

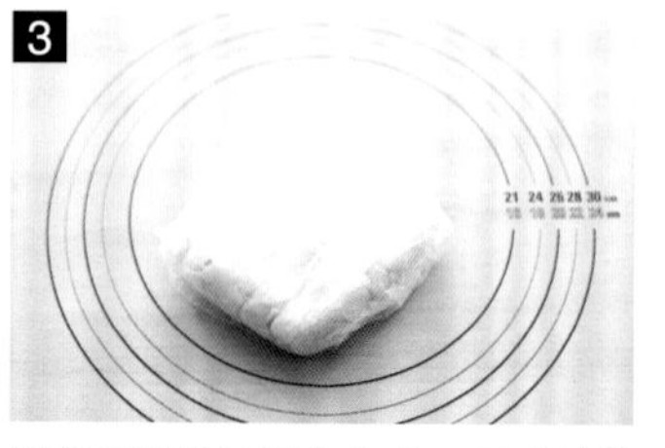

用保鲜膜将面团包起来，用手稍微压一下，放入冰箱中冷藏 30 分钟。

4-1

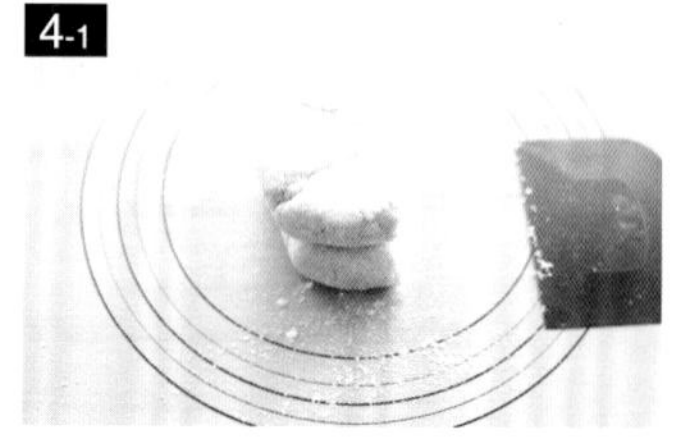

在案板上撒上低筋面粉，将面团取出，用刮板将其对半切开，叠放。

4-2

用擀面杖擀成一块面块。

5

用刮板将新的面块对半切开，再将两个面块叠放在一起，擀成一块。

6

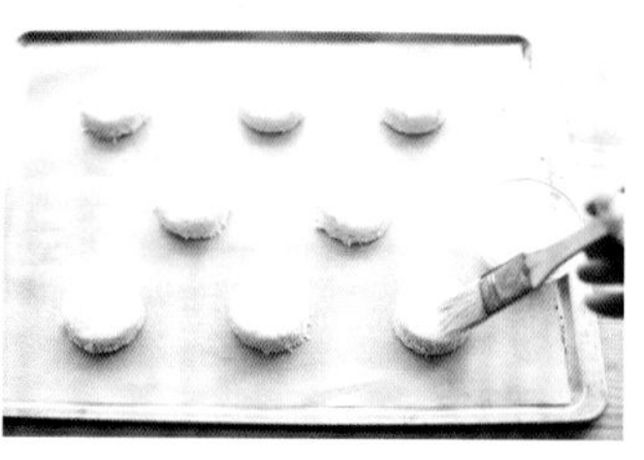

将面团擀成 2cm 厚的面块，用圆形饼干模在面块上压出饼干形状。将压出的饼干留出一定间隙摆在烤盘上，在表面刷上椰子汁。放入预热至 180℃的烤箱中烘烤 18~20 分钟。

抹茶白巧克力蛋糕卷

也可以在鲜奶油中加入白砂糖和抹茶粉打发成抹茶奶油，涂抹在蛋糕片上作为蛋糕卷的馅料。

材料 ［25cm×35cm 烤盘 1 个］

蛋糕片

材料	用量
蛋白	140g
白砂糖	35g
糖粉	80g
杏仁粉	80g
低筋面粉	25g
抹茶粉	8g
糖粉	少许

白巧克力奶油

材料	用量
白巧克力	100g
鲜奶油	250g
抹茶粉	5g

●工具

搅拌碗，打蛋器，面粉筛，硅胶铲，裱花袋，直径1cm圆形裱花嘴，烤盘，油纸，面包刀

制作方法

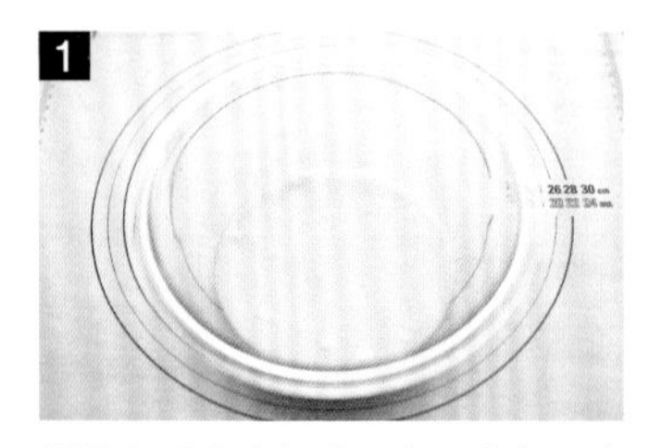

制作白巧克力奶油。白巧克力隔水加热，放入鲜奶油，搅拌均匀，用保鲜膜盖好，放入冰箱冷藏 1 天。

制作蛋糕片。将蛋白倒入搅拌碗中，打发至出现泡沫后，倒入一半白砂糖，搅拌均匀，剩余的白砂糖分 2 次倒入，继续打发至提起打蛋器时蛋白霜表面有小角立起。

将糖粉、杏仁粉、低筋面粉、抹茶粉筛入搅拌碗中，搅拌均匀。将面糊倒入装有直径 1cm 圆形裱花嘴的裱花袋中。

在烤盘上铺好油纸，挤出并列的面糊条，将糖粉均匀地筛在上面。

将烤盘放入预热至 180℃的烤箱中烘烤 10 分钟。如果烘烤时间过长，卷起蛋糕片时容易碎裂。烤好后脱模，放在晾网上冷却。

取出冰箱中的白巧克力奶油，倒入抹茶粉，搅拌均匀。用打蛋器打发至奶油表面出现明显纹路就可以了。

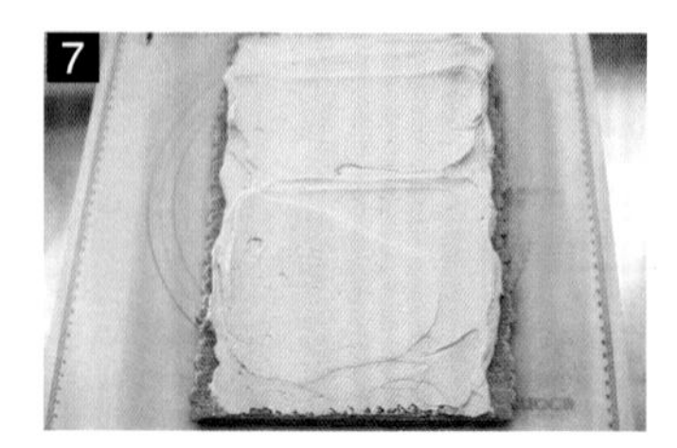

将打发好的奶油用刮刀涂抹在蛋糕饼上，边缘 1cm 部分不涂抹奶油。

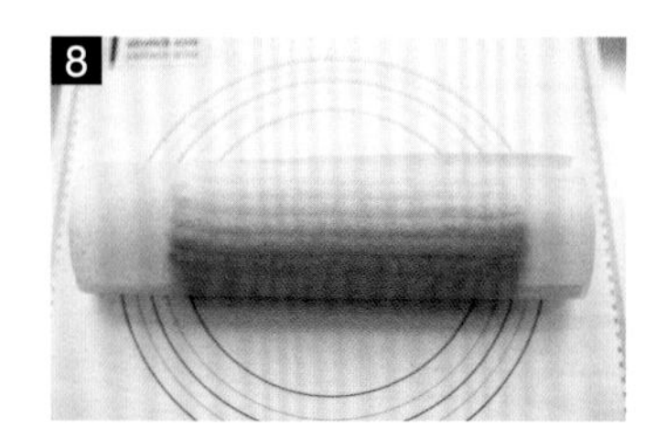

按压油纸卷起蛋糕片，放在冰箱里冷藏 30 分钟。用过热水后擦干的面包刀将蛋糕卷切成 2 段，根据自己的喜好装饰蛋糕卷。

焦糖马卡龙

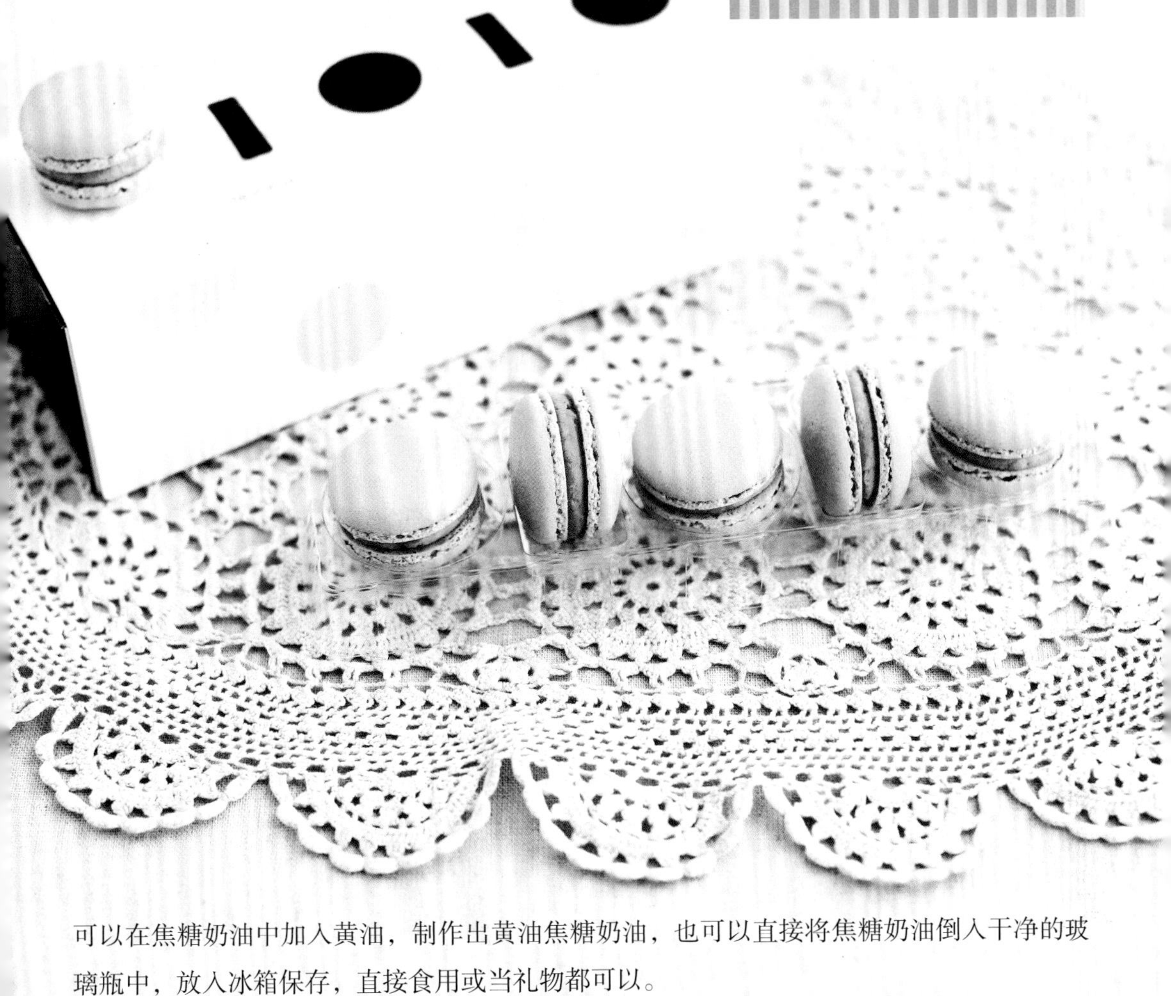

可以在焦糖奶油中加入黄油，制作出黄油焦糖奶油，也可以直接将焦糖奶油倒入干净的玻璃瓶中，放入冰箱保存，直接食用或当礼物都可以。

材料〔夹心马卡龙 20~22 个〕

马卡龙饼

蛋白	55g
白砂糖	40g
蛋白粉	1g（可不加）
杏仁粉	60g
糖粉	90g
食用色素	少许

＊也可以用咖啡精代替食用色素给焦糖上色。

焦糖奶油

白砂糖	50g
麦芽糖	25g
鲜奶油	75g
粗盐	1g
黄油	15g
用来混合的黄油	70g

●工具

小锅，硅胶铲，面粉筛，瓶子，搅拌碗，打蛋器，电动打蛋器，烤盘，料理机，刮板，圆形裱花嘴，裱花袋

制作方法

1

制作焦糖奶油。将白砂糖、麦芽糖倒入小锅中，中火加热。在另一个小锅中倒入鲜奶油和粗盐熬煮。

2

当小锅中的白砂糖、麦芽糖熬至变色时，倒入煮好的鲜奶油，搅拌均匀。

3

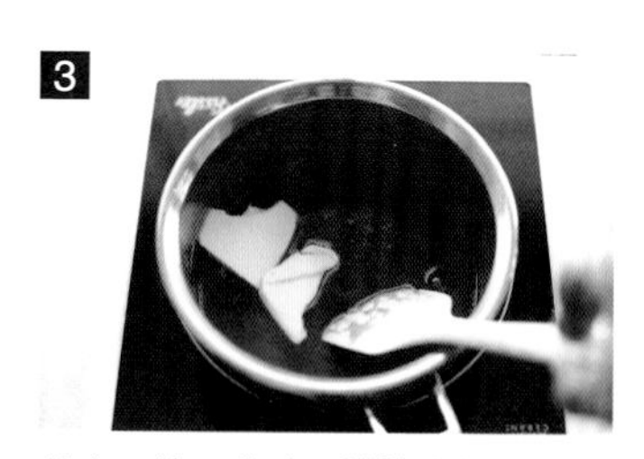

关火，放入黄油，搅拌均匀。

4

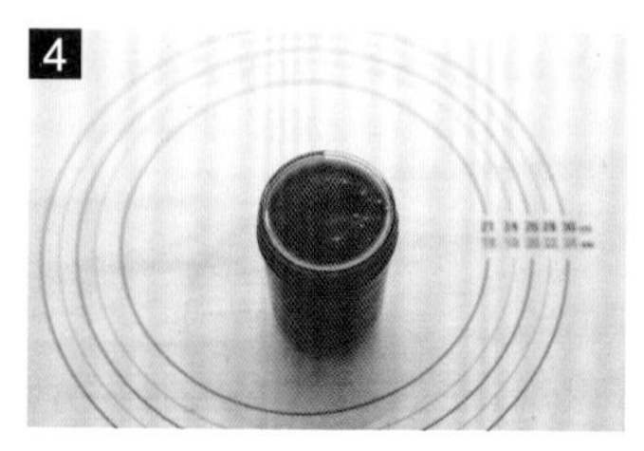

倒入容器中冷却。

5

制作马卡龙饼。将杏仁粉和白砂糖倒入料理机中，搅打均匀。搅打好的面粉过筛两次后备用。

6

将蛋白、蛋白粉倒入搅拌碗中，搅拌均匀。倒入一半糖粉，打发。

7

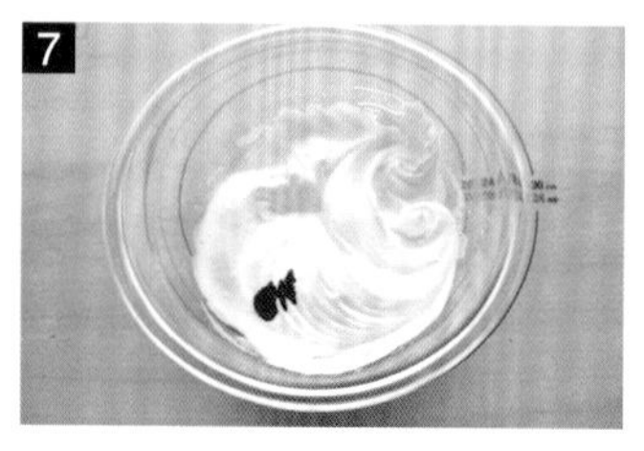

剩余的糖粉，分两次加入搅拌碗中，继续打发至提起打蛋器时，蛋白霜表面有小角立起。放入少许食用色素。

8

继续打发至提起打蛋器有丝带状蛋白霜垂落。可以根据自己的需要调节食用色素量。

9

将搅拌好的面粉倒入搅拌碗中，用硅胶铲搅拌均匀。

10

用刮板将面糊搅拌均匀。

11

搅拌至面糊表面均匀顺滑。

12

如搅拌过度，面糊会发硬，做好的饼坯放进烤箱后不容易膨胀。

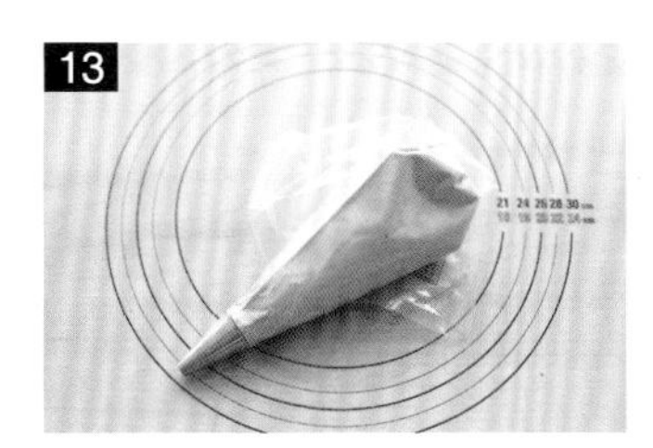

将面糊倒进装有 0.8cm~1cm 的圆形裱花嘴的裱花袋中。

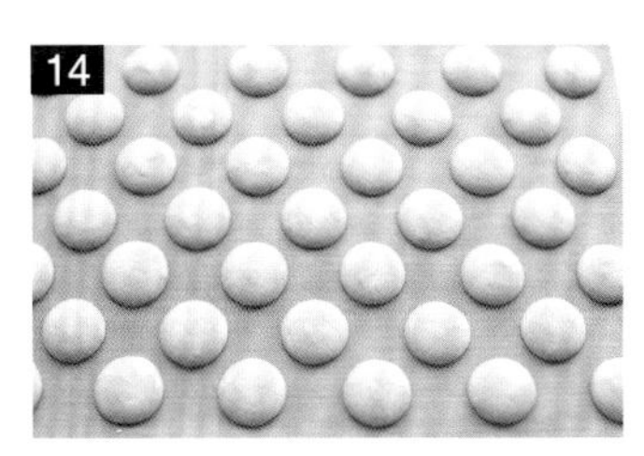

将油纸铺在烤盘上，挤出直径约 3cm 的圆形面糊。每份面糊间要留出间隙。静置冷却 30 分钟至 1 个小时后放入预热至 160℃的烤箱中，再调到 130℃烘烤 15 分钟，冷却。

制作焦糖奶油。将 70g 黄油放在室温下软化，放入搅拌碗中，搅拌均匀。

将做好的焦糖奶油分 3 次倒入搅拌碗中，每次都要搅拌均匀。

搅拌至奶油发白。

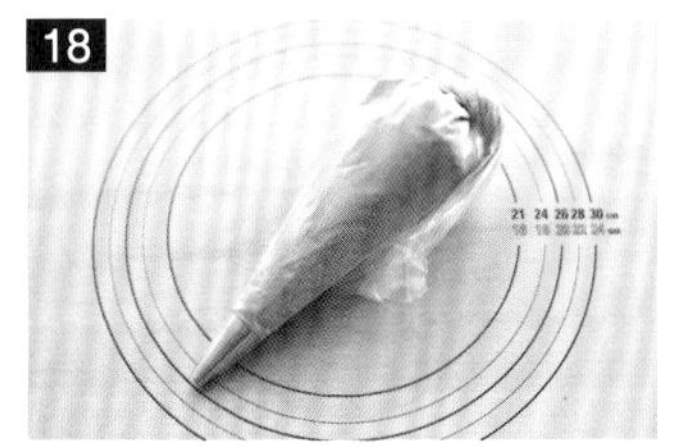

将奶油倒进装有圆形裱花嘴的裱花袋中。

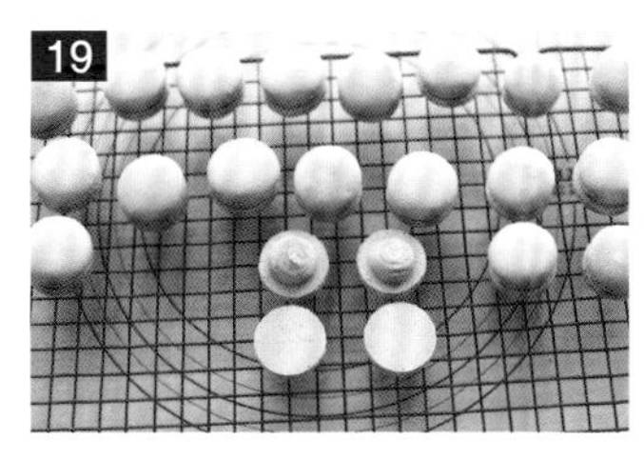

在饼坯中间挤上奶油，再盖上另一块饼坯。

要想做出自己想要的尺寸的马卡龙，
可以在挤面糊时放上一个饼干切模，
在烘烤前脱模即可。

瑞士红薯饼干

用料理机制作饼干，更快、更方便。如果没有料理机也可以手动搅拌。

材料 〔3cm 长的饼干 35~40 个〕

材料	用量	材料	用量
黄油	80g	低筋面粉	120g
白砂糖	60g	玉米淀粉	10g
盐	少许	蛋黄	2 个
红薯	180g	黑芝麻	少许

●**工具**

料理机，搅拌碗，烤盘，勺子

制作方法

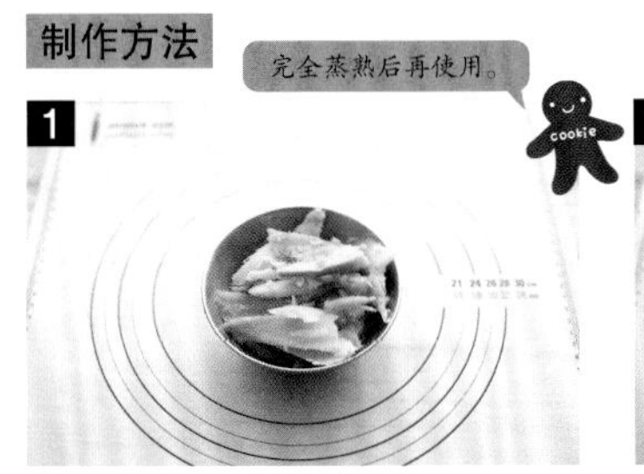

红薯烤熟或蒸熟后切块。

将低筋面粉、玉米淀粉、白砂糖、盐倒入料理机中搅拌，放入切碎的黄油，搅拌均匀。

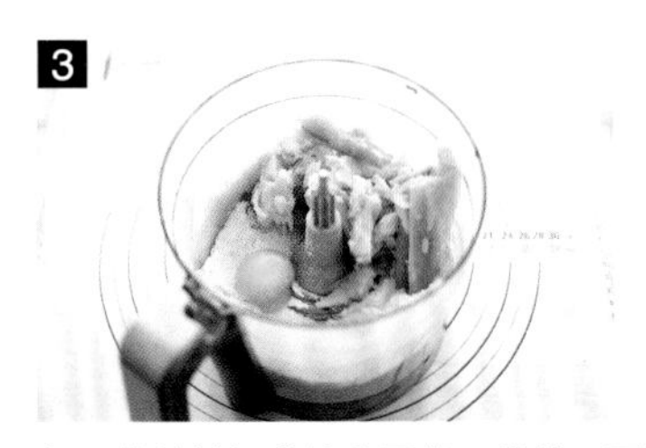

加入蒸熟的红薯块和蛋黄，搅拌至可以将面糊按压成团时，关闭料理机。如果搅拌过度，做出的面团会发硬。

用勺子挖出一小块面团。

再用另一个勺子将面团刮至勺子的一侧，轻轻将面团按压成鱼形。

挖取的面团越大，需要烘烤的时间越长，将饼干做得小一点，吃起来也比较方便。

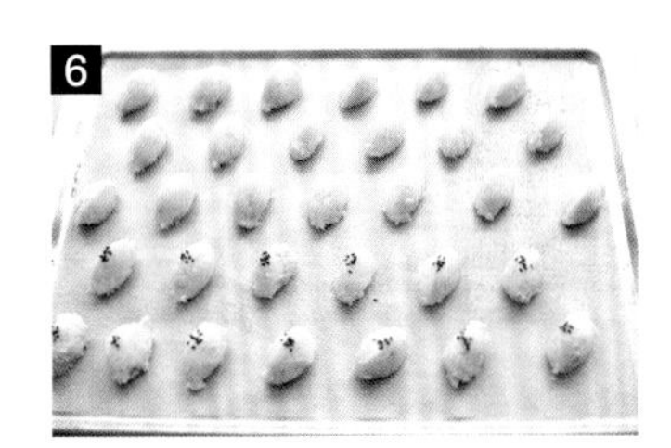

将做好的面团并列放在烤盘上，上面撒一点芝麻。放入预热至 170℃ 的烤箱中烘烤 20~25 分钟。

红糖玛德琳

冲绳红糖是用蔗糖浆熬煮成的非精制糖，烘烤出的玛德琳会散发出独特的香气，味道极佳。如果没有冲绳红糖，也可以用其他的红糖代替。

材料〔玛德琳 18~20 个〕

鸡蛋……………………………2 个
冲绳红糖…………………… 100g
盐………………………… 少许
黄油………………………… 120g
蜂蜜………………………… 20g
鲜奶油（可用牛奶代替）… 30g

低筋面粉………………… 120g
泡打粉…………………… 3~4g
冲绳红糖块… 15~20g（可不加）
涂抹模具的黄油………… 少许

●**工具**
搅拌碗，打蛋器，小锅，玛德琳连模，刷子，硅胶铲，刀，裱花袋，不锈钢小方盒

制作方法

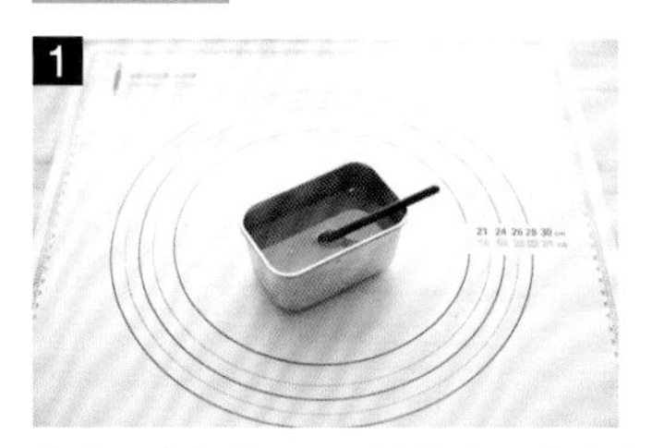

黄油隔水加热，用刷子取少量黄油涂抹在玛琳连模内壁，往化开的黄油中倒入蜂蜜，搅拌均匀。如果有成块的冲绳红糖，要提前切成小块备用。

将鸡蛋打入搅拌碗中，倒入红糖和盐，搅拌均匀。

加入鲜奶油，搅拌均匀。

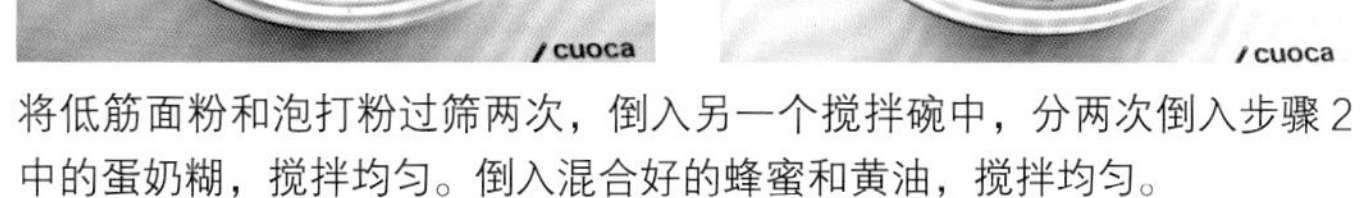

将低筋面粉和泡打粉过筛两次，倒入另一个搅拌碗中，分两次倒入步骤 2 中的蛋奶糊，搅拌均匀。倒入混合好的蜂蜜和黄油，搅拌均匀。

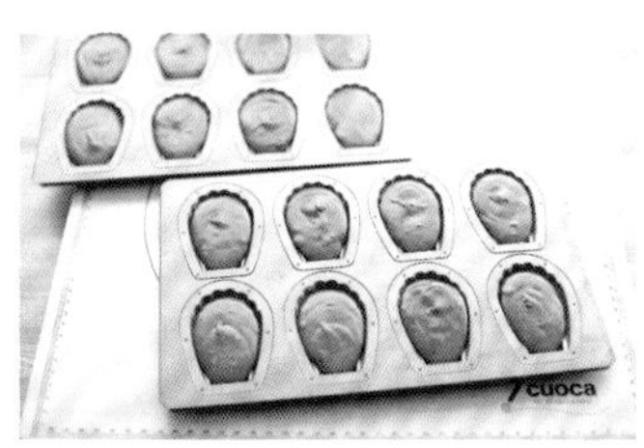

在搅拌碗中放入之前切好的小红糖块（可不加）。将面糊倒入裱花袋中，再挤入模具内，大约挤至 9 分满。将烤箱预热至 200℃，将玛德琳连模放入烤箱中，温度调到 180℃，烘烤 10~12 分钟就可以了。

三色费南雪

使用白莲草粉（粉色）和南瓜粉（黄色）可以给蛋糕上不同的颜色。制作费南雪时，蛋白轻度打发至出泡沫即可。如果打发过度，蛋糕会发得过大。

材料 〔费南雪 10~12 个〕

- 蛋白………………………… 115g
- 白砂糖…………………… 120g
- 盐………………………… 少许
- 香草籽…………………… 少许
- 黄油………………………… 120g
- 低筋面粉………………………… 35g
- 玉米淀粉………………………… 5g
- 杏仁粉………………………… 45g
- 可可粉………………………… 6g
- 抹茶粉（绿茶粉）………… 3g
- 涂抹模具的黄油………… 少许

●工具

搅拌碗，不锈钢小方盒，打蛋器，小锅，费南雪连模，面粉筛，裱花袋

制作方法

将黄油放在小锅中熬煮至棕色。将棕色黄油过筛入小方盒中。在费南雪连模内壁涂上黄油后，放入冰箱中冷藏。

倒入蛋白、白砂糖和盐，搅拌均匀，白砂糖化开后，放入香草籽，搅拌均匀。将低筋面粉、杏仁粉、玉米淀粉筛入搅拌碗中，搅拌均匀。

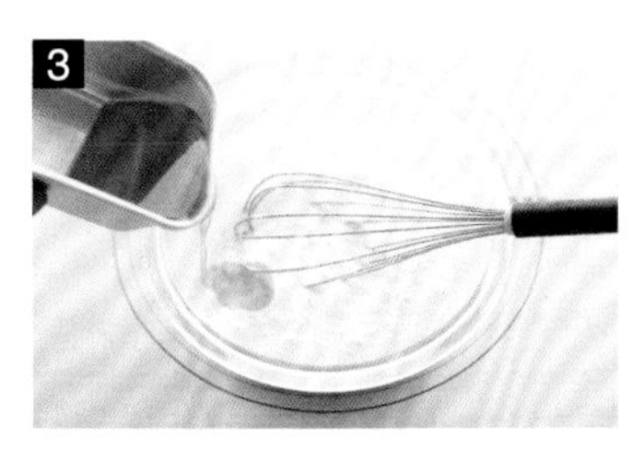

将过滤后的棕色黄油分 3 次倒入搅拌碗中，搅拌均匀。

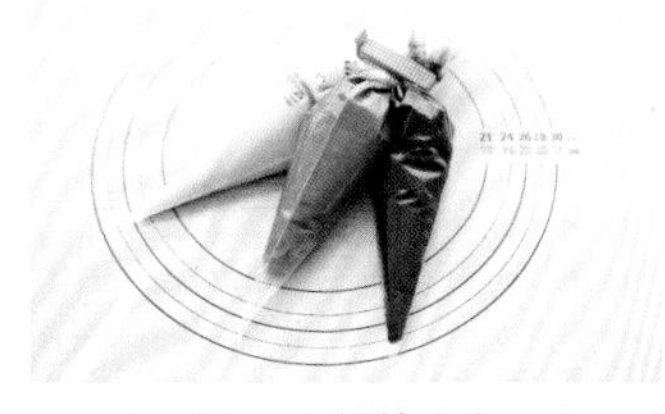

将面糊分成 3 份，1 份倒入裱花袋中，另 2 份倒在两个搅拌碗中。分别倒入抹茶粉和可可粉，搅拌均匀，再分别装入裱花袋中。

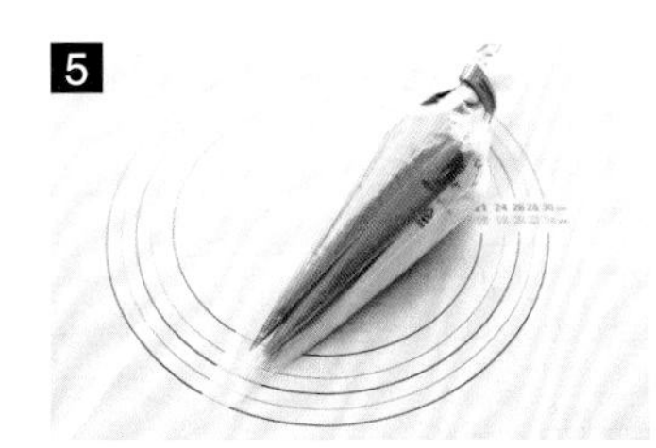

将三个裱花袋装入一个较大的裱花袋中，保证挤压大裱花袋时这三个裱花袋能够同时挤出面糊。将三色面糊挤入模具中，放入预热至 180℃的烤箱中烘烤 10~13 分钟。烤好后直接脱模，冷却后摆盘。

松饼

烘烤松饼时，不要放太多的油，用厨房用纸蘸上油擦一下锅底就可以了。烘烤时，只需要翻一次面。如果多次翻面，表面容易焦糊。和面的黄油可以用食用油代替。

材料〔直径 10cm 的松饼 8 张〕

鸡蛋……………………………1 个
白砂糖………………………… 20g
盐…………………………… 少许
黄油…………………………… 10g
低筋面粉………………… 100g
玉米淀粉………………… 5g
泡打粉………………………… 5g
牛奶…………………………… 100g
食用油………………………… 少许
黄油…………………………… 少许
糖浆…………………………… 少许
奶酪或鲜奶油………… 少许

●工具

搅拌碗，打蛋器，勺子，平底锅，面粉筛，厨房用纸

制作方法

黄油隔水加热化开备用。将鸡蛋打入搅拌碗中，放入白砂糖和盐，搅拌均匀。再倒入牛奶搅拌均匀。

将低筋面粉、玉米淀粉、泡打粉筛入搅拌碗中，搅拌均匀。

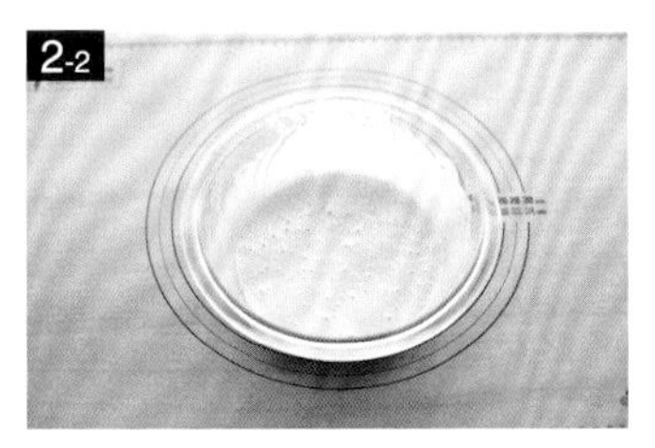

倒入化开的黄油，搅拌均匀。

开中火将平底锅烧热，用厨房用纸蘸取食用油抹在平底锅上。用勺子舀一勺面糊倒入平底锅中，开小火或中火煎饼。

不要翻动松饼，当松饼表面出现气泡时，翻动一次。可以在烤好的松饼表面抹上黄油或糖浆食用，也可以在松饼中间夹上鲜奶油或马斯卡彭奶酪食用。每烤好一张松饼，需将锅放在湿布上降温，再烤下一张。

柠檬生姜果汁

可以将玻璃瓶放入热水中，或者将热水倒入玻璃瓶中，
然后再喷洒餐具专用消毒酒精消毒。

材料 〔玻璃瓶 1 个〕

果汁饮料

冰块、苏打水…………… 适量

柠檬生姜

柠檬…………………………5 个

白砂糖…………………… 500g

生姜……………………… 100g

苏打或粗盐……………… 适量

●工具

玻璃瓶，小锅

制作方法

1

清洗柠檬。将苏打或粗盐涂抹在柠檬上，柠檬过沸水，取出，用清水冲净。

2-1

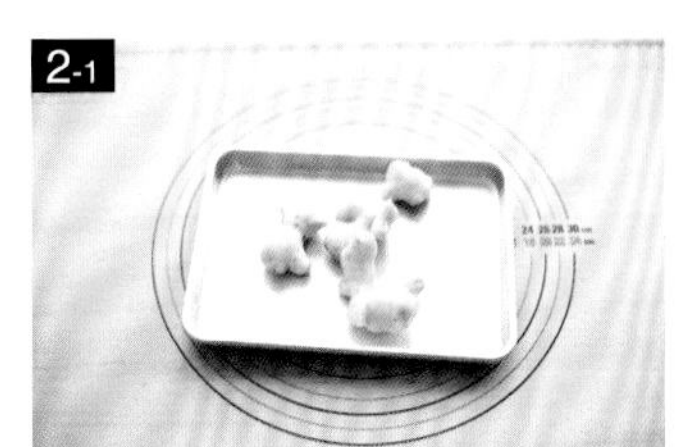

洗净生姜上的泥土，去皮，冲洗干净。

2-2

将柠檬和生姜切片，去掉柠檬籽。

3

腌 1 个柠檬大概需要 100g 白砂糖。瓶中放入 1/2 柠檬和生姜切片，倒入 1/3 白砂糖，再放入 1/2 柠檬和生姜切片，倒入 2/3 白砂糖，盖上盖子。

4

将玻璃瓶放在室温下静置一天，放入冰箱冷藏保存 3~4 天。在玻璃杯中放入冰块，倒入两勺柠檬生姜的腌渍汁，再倒入苏打水，柠檬生姜果汁制作完成。

草莓奶昔

用来做草莓奶昔的草莓酱，制作时要少加些白砂糖，静置几天即可使用。如果想延长保存的时间，就要多放一些白砂糖。

材料〔1人份〕

草莓酱

草莓……………………… 300g
白砂糖……………………… 90g
柠檬汁……………………2小匙

草莓奶昔（1人份）

牛奶……………………… 150g
冰块……………………… 若干
草莓……………………… 3颗

* 以上材料制作出的草莓酱可以做出4人份的草莓奶昔。

●工具

小锅，硅胶铲，刀，玻璃杯，玻璃瓶

制作方法

1

草莓洗净、对半切开，放入小锅中，倒入白砂糖和柠檬汁，搅拌均匀。

2

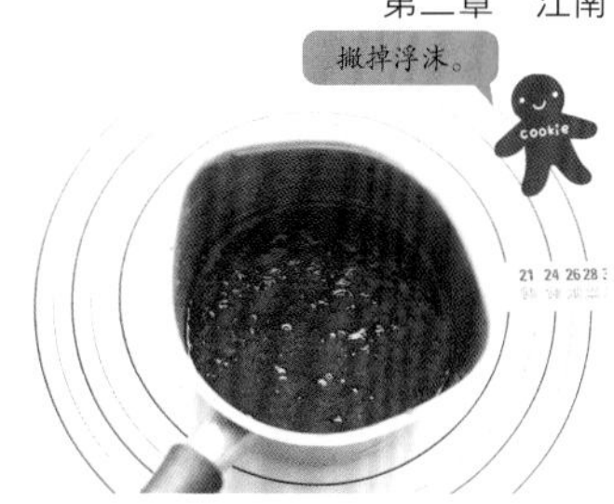

开中火，一边搅拌一边熬煮，大概熬煮 15 分钟，然后倒入已消毒的玻璃瓶中保存。

3

将 3 颗新鲜草莓切成小块。在玻璃杯中倒入 100g 草莓酱，再放上草莓块。

4-1

草莓酱和草莓块的比例可以根据自己的喜好调整。

4-2

放入冰块，再淋上牛奶，搅拌一下，草莓奶昔制作完成。

覆盆子马卡龙

准备制作马卡龙饼坯所需要的蛋白，须提前一两天将蛋白分离出来，放入冰箱中冷藏保存，使用前一两个小时拿出来回温即可。制作覆盆子奶油时所使用的杏仁膏和黄油也要提前拿出来回温。

材料 〔马卡龙 20~22 个〕

马卡龙饼坯	
蛋白	55g
白砂糖	40g
蛋白粉	1g（可不加）
杏仁粉	60g
糖粉	90g
食用色素	少许

覆盆子酱	
冷冻覆盆子	200g
白砂糖	25g
柠檬汁	5g

覆盆子奶油	
杏仁膏	50g
黄油	50g
覆盆子酱	40g
覆盆子利口酒	5g

白巧克力奶油	
白巧克力	80g
鲜奶油	20g
覆盆子酱	50g
黄油	10g
覆盆子利口酒	3g

＊制作了两种奶油，如果要全部使用，就要做两倍的马卡龙饼坯。

●工具

小锅，硅胶铲，面粉筛，搅拌碗，打蛋器，料理机，烤盘，刮板，圆形裱花嘴，裱花袋

制作方法

1

制作覆盆子酱。可以使用市售的覆盆子酱，也可以自制覆盆子酱。将冷冻覆盆子、白砂糖、柠檬汁倒入小锅中，搅拌均匀。

2

开中火，一边熬煮一边搅拌。熬煮至有气泡出现时关火，静置冷却。

3

制作马卡龙饼坯。将杏仁粉和糖粉倒入料理机中，搅拌均匀。取出，过筛两次后备用。

4

将蛋白和蛋白粉倒入搅拌碗中，搅打出气泡。倒入一半白砂糖，继续打发。白砂糖溶化需要一定时间，打发一段时间后才会出现气泡。

5

剩余的白砂糖分 2 次倒入，继续将蛋白打发至蛋白霜表面有明显纹路。放入一点食用色素，搅拌均匀。

6

继续打发至蛋白霜颜色均匀。

7

将过筛两次的杏仁粉和糖粉倒入搅拌碗中，用硅胶铲搅拌均匀。

8

用刮板搅拌至面糊中无面粉颗粒残留。

9

如果搅拌不充分，制作出的马卡龙饼坯就会比较粗糙，色泽也不好，如果搅拌过度，面糊就会太稀软，放入烤箱中烘烤时不易膨胀。

10

搅拌至面糊表面均匀顺滑就可以了。

11

在搅拌面糊时，如果滴落的面糊能慢慢消失，就说明面糊搅拌完成。

12

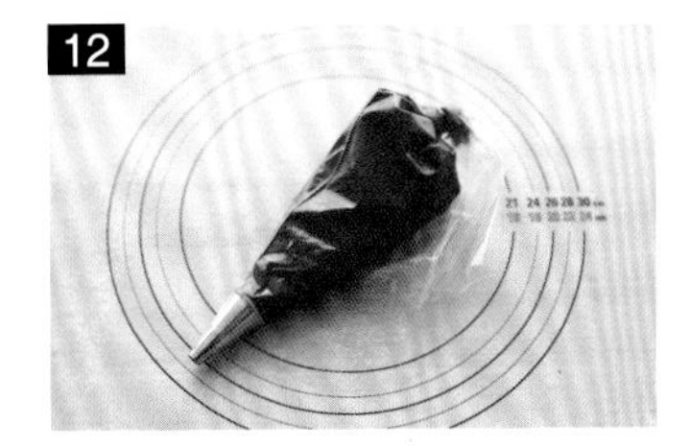

将面糊倒入装有 0.8cm 圆形裱花嘴的裱花袋中，也可以使用直径 1cm 的圆形裱花嘴。

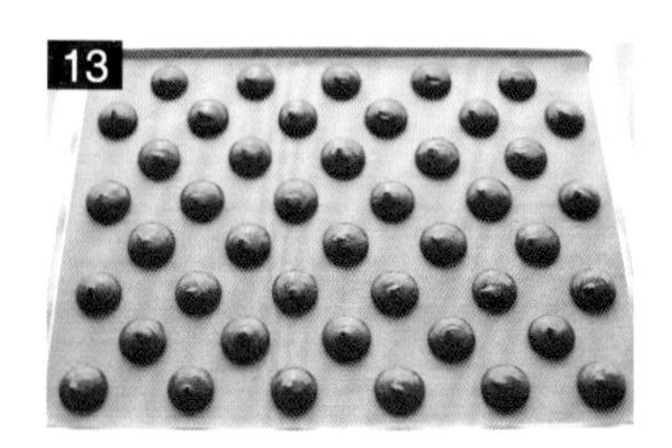

13 在烤盘上铺好油纸，在上面挤出直径 2.8cm~3cm 的圆形面糊。面糊中间要留有适当的间隙，以免在烘烤时粘在一起。

14 挤好的面糊放在室温下静置 30 分钟至 1 小时，当用手指轻碰面糊时，不粘手就可以了。烤箱提前预热到 160℃，将烤盘放入烤箱中，温度调到 130℃，烘烤 15 分钟，静置冷却。

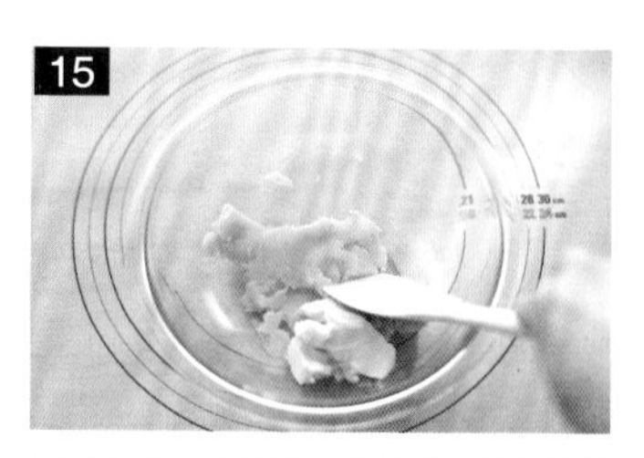

15 **制作覆盆子奶油**。将杏仁膏提前放在室温下软化，放入搅拌碗中，再放入黄油，搅拌均匀。再用打蛋器打发。

16 放入覆盆子酱，搅拌均匀。

17 可以再加入少许覆盆子利口酒，搅拌均匀。

18 将覆盆子奶油倒入装有小裱花嘴的裱花袋中。

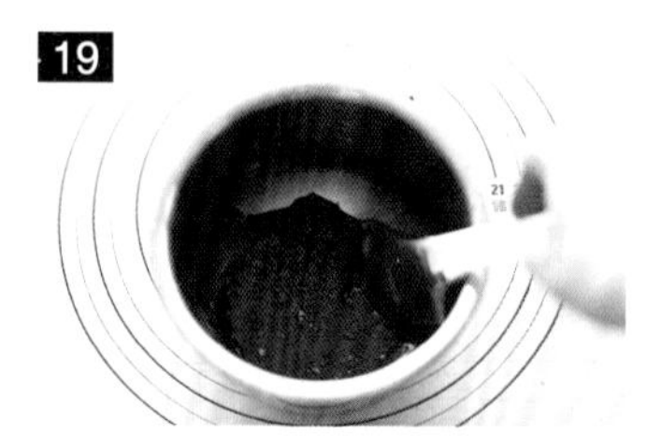

19 **制作白巧克力奶油**。将白巧克力和鲜奶油隔水加热化开后，倒入少许覆盆子酱，搅拌均匀。放入黄油，搅拌均匀，倒入装有圆形裱花嘴的裱花袋中。可根据需要加入少量覆盆子利口酒。

20 将覆盆子奶油或白巧克力奶油挤在冷却的马卡龙饼坯上，盖上另一块饼坯。制作好的白巧克力奶油可以在冰箱中冷藏一会儿后再挤在马卡龙饼坯上。

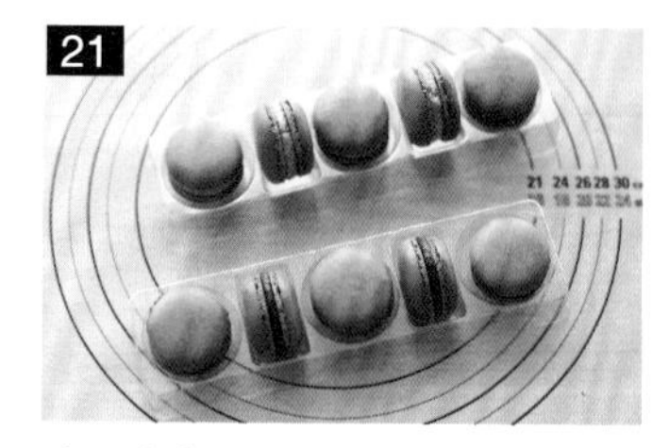

21 白巧克力奶油内馅的马卡龙，如果要长期保存，需要将马卡龙密封放在冰箱中冷藏保存，食用前放在室温下回温，味道会更好。

小熊杯子蛋糕

如果只用鲜奶油，可以做出白兔杯子蛋糕。在制作海绵蛋糕时，使用低筋面粉和鲜奶油，不加可可粉。兔子的耳朵可以用巧克力来制作。

材料 〔直径 8cm 的杯子蛋糕 5 个〕

鲜奶油……………………… 少许
巧克力……………………… 少许
纽扣状巧克力…………… 少许
覆盆子酱………………… 少许

海绵蛋糕

蛋液……………………………2 个
蛋黄……………………………1 个
白砂糖……………………… 60g
蜂蜜………………………… 10g
低筋面粉………………… 50g
玉米淀粉………………… 5g
无糖可可粉……………… 8g
黄油……………………… 20g
牛奶……………………… 10g

巧克力奶油

鲜奶油…………………… 300g
牛奶巧克力……………… 100g
黑巧克力………………… 50g

●工具

电动打蛋器，打蛋器，搅拌碗，面粉筛，小锅，硅胶铲，直径 6cm 的圆形蛋糕连模，面包刀，裱花袋，圆形裱花嘴，直径 8cm 的杯子蛋糕模，刮刀

制作方法

1 制作巧克力奶油。将牛奶巧克力和黑巧克力隔水加热化开，在小锅中放入鲜奶油，加热，将化开的巧克力倒入鲜奶油中，搅拌均匀，完全冷却后，放入冰箱中冷藏 2~3 小时。

2 制作海绵蛋糕。将黄油和牛奶隔水化开，在搅拌碗中倒入蛋液和蛋黄，隔水加热，直到出现气泡。将白砂糖和蜂蜜倒入搅拌碗中，搅拌均匀。

3 用手持打蛋器高速打发蛋液，再分别用高速、中速、低速挡持续打发蛋液，直到蛋液顺滑，提起打蛋器时有丝带状奶油垂落。

4 将低筋面粉、玉米淀粉、无糖可可粉过筛 2 次，倒入搅拌碗中，搅拌均匀。

5 倒入化开的黄油牛奶，搅拌均匀。

6 倒入直径 6cm 的圆形蛋糕连模中，放入预热至 170℃的烤箱中烘烤 15~20 分钟。

如果是用一般模具烘烤的海绵蛋糕，可以脱模后再冷却，如果用硅胶模具烘烤的海绵蛋糕要先冷却后再脱模。

如果海绵蛋糕过高，可以切掉底部1cm的部分，如果过低，可以在杯子模具里垫上1~2片1cm厚的圆形蛋糕切片。根据自己的喜好，增减切片的数量。

提前准备好杯子蛋糕模具、切片海绵蛋糕和半圆形海绵蛋糕。

从冰箱中取出巧克力奶油，取1/3倒入搅拌碗中，打发至干性发泡，将剩下的巧克力奶油倒入另一个搅拌碗中冰镇，打发至表面有明显纹路即可。

在杯子模具中倒入适量打发至干性发泡的巧克力奶油，放上一片切片海绵蛋糕，涂上一层覆盆子酱，再挤上干性发泡的巧克力奶油，放上半圆形海绵蛋糕。

将表面有明显纹路的巧克力奶油倒在海绵蛋糕上。刮去多余的巧克力奶油。

用纽扣状巧克力做小熊的耳朵。将纽扣巧克力切去1/3，插在海绵蛋糕上。

鲜奶油打发，倒入装有圆形裱花嘴的裱花袋中，在小熊杯子蛋糕上挤出小熊的圆鼻子。

最后，将巧克力隔水化开后，倒入裱花袋中，挤出小熊的眼睛和鼻子尖。也可以用巧克力笔代替。放入冰箱中冷却后，味道会更好。

弘大

弘大是一个有着丰富文化底蕴的地方，人们聚集在这充满活力、浪漫、文化的自由之地。在弘大，咖啡馆、美术馆和画廊随处可见。

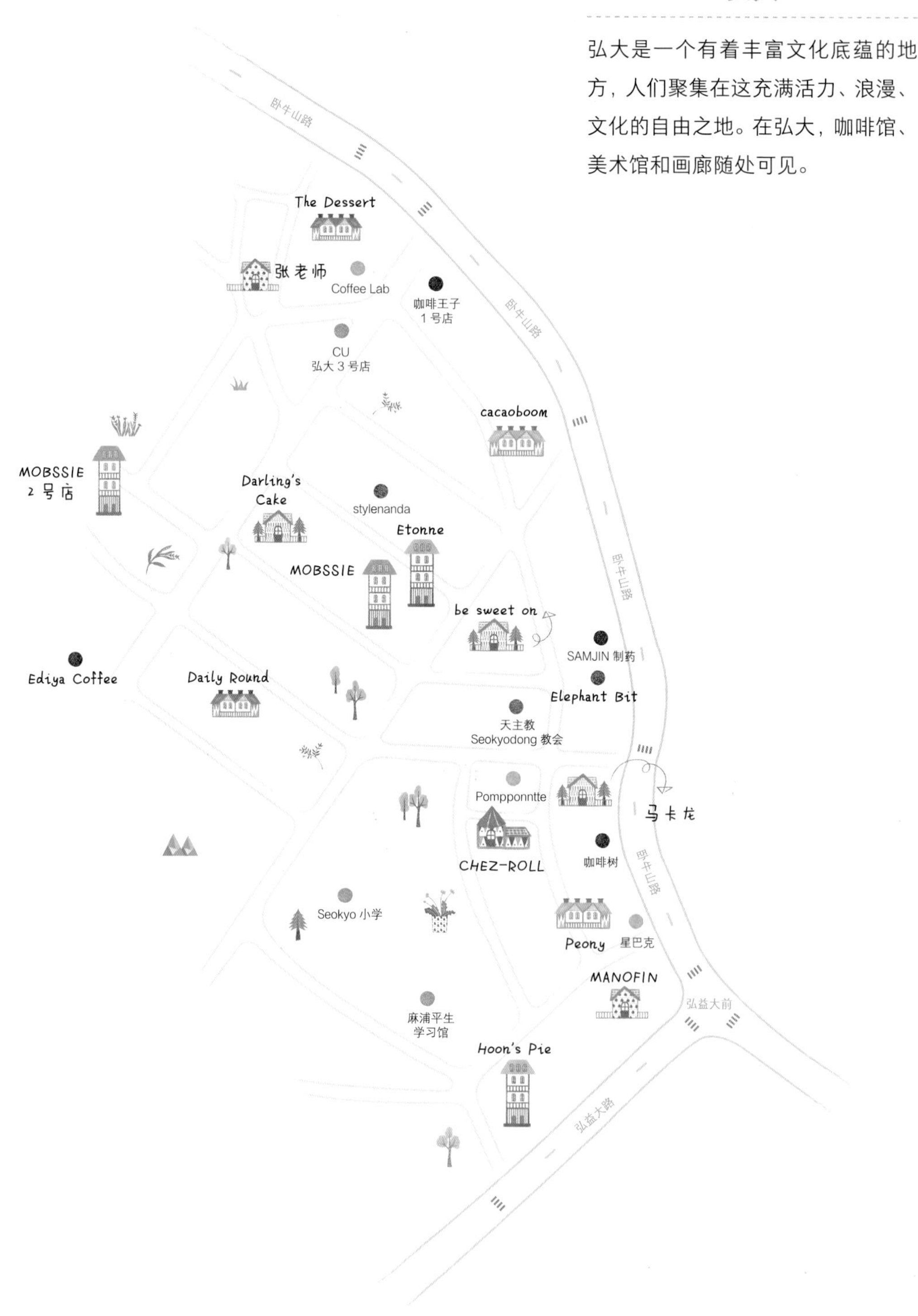

第三章

弘大

草莓千层酥

曲奇派

无花果挞

红茶巧克力慕斯蛋糕

万圣节饼干

开心果磅蛋糕

钻石曲奇

橘皮巧克力迷你磅蛋糕

巧克力布朗尼

榛子费南雪

开心果费南雪

马卡龙冰激凌

坚果巧克力

香草太妃糖

蓝莓巧克力

椰蓉饼干

热巧克力

草莓千层酥

烤好千层酥的酥皮，冷却后，切成1人份的小块，夹上草莓和奶油。也可以将草莓切成薄片，将草莓和奶油夹在酥皮中间。要想将酥皮做得薄一点，可以在烘烤过程中，放上一个烤盘压一下，如果想将酥皮烘烤得厚一些，可以将酥皮上的烤盘去掉再烤，也可以烘烤到想要的厚度后再拿开酥皮上面的烤盘。

材料 〔7~8cm 长的千层酥 20 个〕

草莓……………………………1盘

酥皮

低筋面粉………………… 200g
黄油………………………… 150g
盐…………………………… 4g
冷水………………………… 80g
防粘用低筋面粉………… 少许
糖粉……………………… 少许

蛋奶糊

牛奶……………………… 250g
蛋黄……………………………45g
白砂糖…………………………60g
玉米淀粉………………………28g
香草豆荚………………… 1/4根
吉利丁片…………………… 2g
鲜奶油……………………… 70g

●工具

搅拌碗，刮板，保鲜膜，擀面杖，面粉筛，刀，烤盘，滚针，小锅，硅胶铲，面包刀，打蛋器，裱花袋

制作方法

制作酥皮。将低筋面粉筛入搅拌碗中，放入软化的黄油，切拌。

倒入冷水和盐，搅拌均匀，揉成面团。

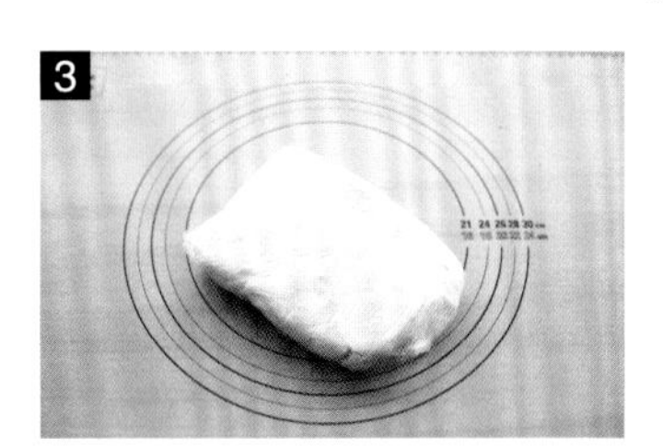

用保鲜膜将面团包裹起来，压平后放入冰箱中冷藏 1 个小时。

拿出冷藏好的面团，用擀面杖擀成 18cm 宽、40cm 长的面片。

将面片叠成 3 层。

将叠好的面团调转 90℃，用擀面杖擀成之前面片的大小。

在面团上撒上低筋面粉，再次叠成 3 层，用保鲜膜包好，放入冰箱冷藏 1 个小时。

重复 2 次步骤 4 ~ 7 的操作。

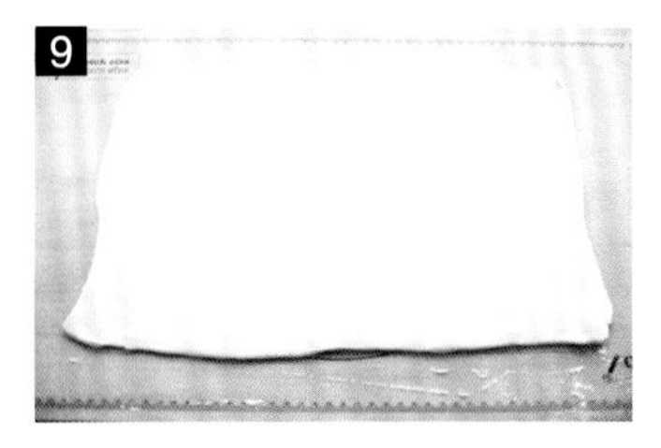

取出冷藏好的面团擀成 30cm×40cm 大小的面片。如果烤盘比较小，可以将面片切成两半放置。

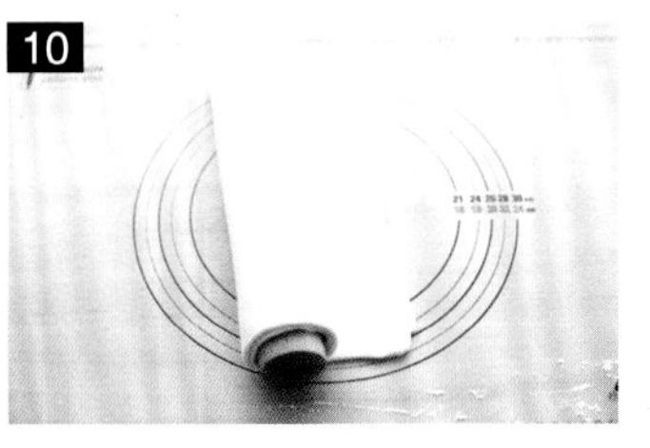

将面片用擀面杖卷起，铺在烤盘上。

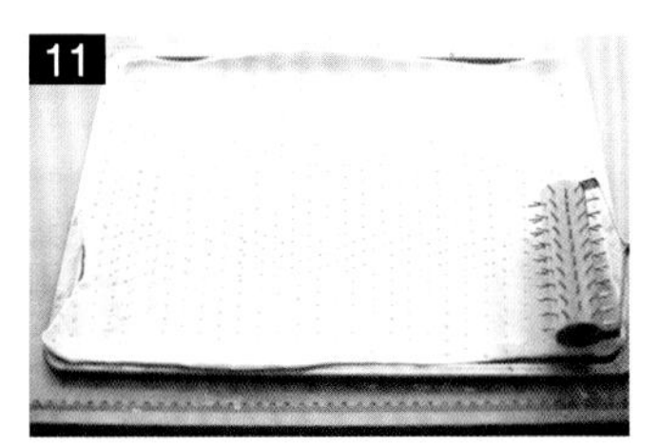

用滚针在面饼上均匀地压出小孔，也可以用叉子扎出小孔。用刮板切掉面片超出烤盘的部分。放入冰箱中冷藏 10~15 分钟。

在这个配方中可以切成 15cm × 15cm 的方块小饼干，能够切出 4 块。

将烤箱预热至 190~200℃，将面片从冰箱中取出，在面片上铺上油纸，压上烤盘，放入烤箱中烘烤20分钟。

烘烤 20 分钟后取出，筛上糖粉，再次放入烤箱中烘烤 5~7 分钟。

根据自己的喜好将烤好的酥皮切成适当的大小。

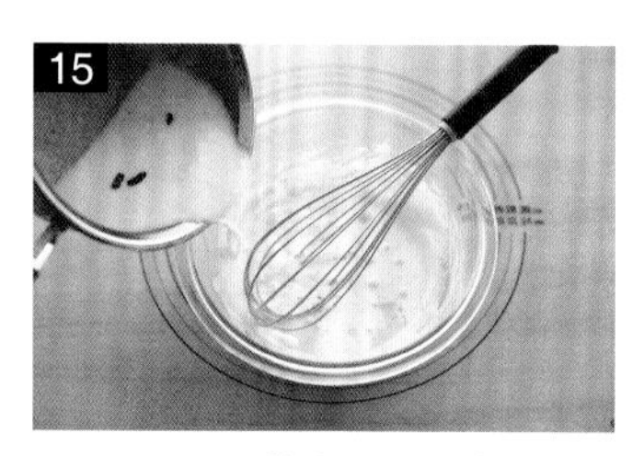

制作蛋奶糊。将牛奶和香草籽倒入小锅中煮一会儿，将蛋黄、白砂糖、玉米淀粉倒入搅拌碗中，搅拌均匀，倒入煮好的牛奶，搅拌均匀。

将蛋奶糊倒入小锅中，用小火或中火一边搅拌一边熬煮，将泡好的吉利丁片挤干水分后，放入小锅中，搅拌均匀。

将蛋奶糊摊在烤盘上，铺上保鲜膜，放入冰箱中冷却。

打发鲜奶油。将鲜奶油冰镇打发。打发至鲜奶油表面有明显纹路即可。

将冷藏后的蛋奶糊倒入另一个搅拌碗中，用打蛋器搅拌均匀，将打发好的鲜奶油分两次倒入搅拌碗中，每次都搅拌均匀。

将蛋奶糊搅拌顺滑后，装入裱花袋中。

草莓洗净去蒂，擦干水分（保留一个不去蒂的草莓），将不去蒂的草莓对半切开。

在一块酥皮上挤上一层奶油，放上 3 排草莓，再挤上奶油。盖上一块酥皮，根据自己的喜好筛上糖粉，放上切半的草莓做装饰就可以了。食用前须放入冰箱冷藏一会儿。

曲奇派

在烘烤过程中，拿出来翻一下面，烘烤出的饼干样子会更好看，翻面时一定要迅速。面团一定要放在冰箱中冷藏，如果长期放置在室温下，面团中的黄油容易化掉，就无法烤出脆脆的表面。

材料〔7~8cm 的曲奇派 20 个〕

低筋面粉…………………… 200g
黄油………………………… 150g
盐…………………………… 4g
冷水………………………… 80g
白砂糖……………………… 少许
* 防粘用低筋面粉

●工具
搅拌碗，刮板，保鲜膜，擀面杖，面粉筛，刀，刷子，烤盘

制作方法

将低筋面粉筛入搅拌碗中，放入软化的黄油，用刮板切拌。

在搅拌碗中倒入冷水和盐，搅拌均匀，揉成一个面团。

用保鲜膜包住面团，压平，放入冰箱中冷藏 1 个小时。

拿出冷藏好的面团，用擀面杖擀成宽 18~20cm、长 40~45cm 的面片。

如图所示，叠面片。

如图所示，将面片叠成 3 层。

将叠好的面团调转 90℃，用擀面杖擀成之前的大小。

在面团上撒上低筋面粉，再次叠成 3 层，用保鲜膜包好，放入冰箱冷藏 1 个小时。

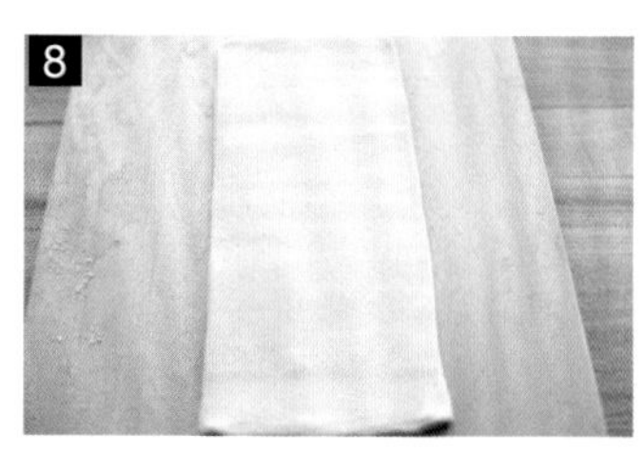

重复 2 次步骤 4 ~ 7 的操作。

用保鲜膜包起来，放入冰箱冷藏 1 个小时。

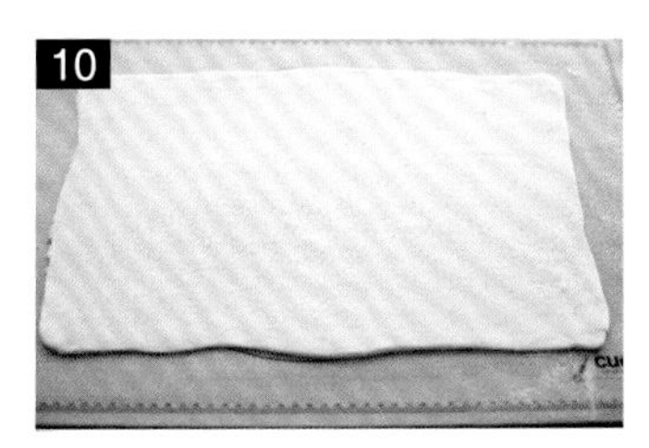

取出面团，在面团和案板表面都撒上白砂糖，擀成 30cm×40cm 大小的面片。在面片的两面都均匀地撒上白砂糖。

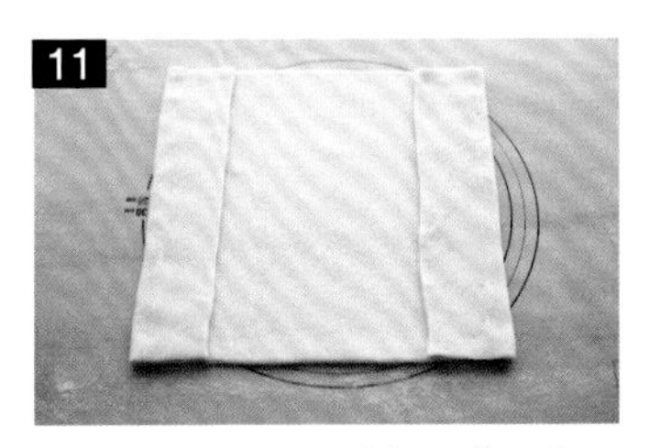

用刀将面团的上下边切平整，将面片的两边折起来。

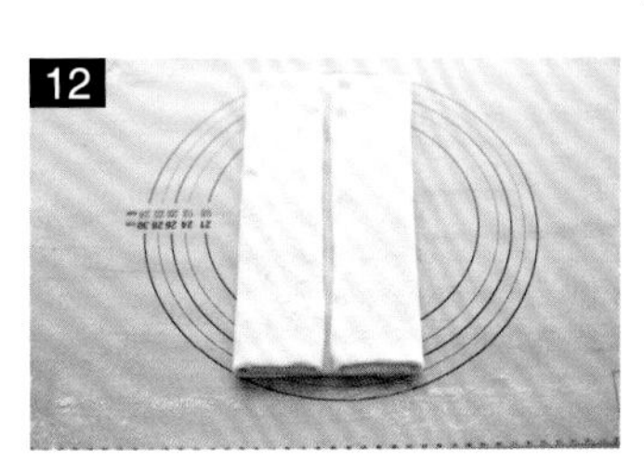

再次对折。

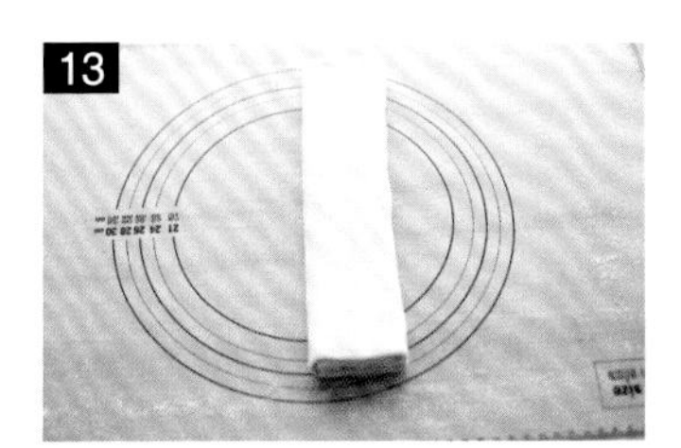

最后对折成一条，放入冰箱中冷藏 20~30 分钟。

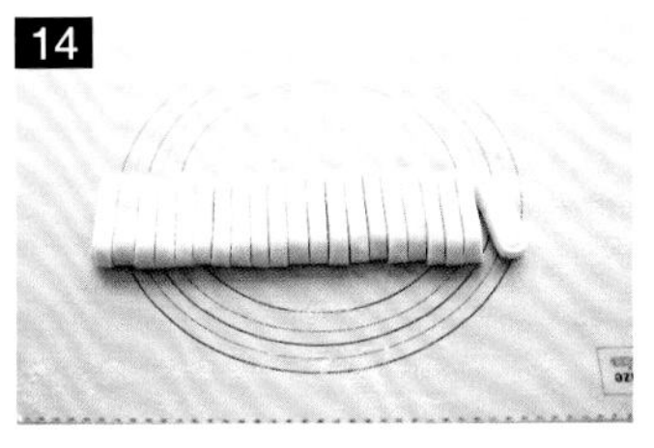

冷藏好后用刀切成 1cm 宽的面块。

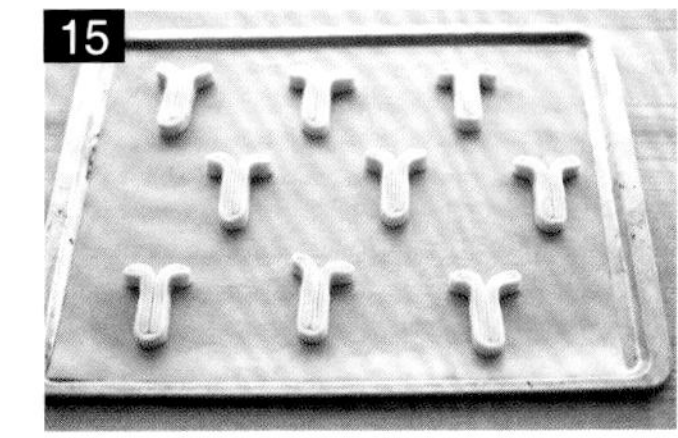

将面块捏成心形，放入预热至 180℃的烤箱中，烘烤 12 分钟左右。然后取出烤盘，将面块翻面，再次放入 180℃的烤箱中，烘烤 12~13 分钟就完成了。

无花果挞

秋天品尝无花果挞，春冬品尝草莓挞。将挞皮烤好后，挤入杏仁奶油后再次烘烤，挞皮会更加酥脆。

材料 〔直径 13cm 的挞 2 个〕

材料	用量
无花果	6 个
明胶	50g
水	50g
装饰用开心果	少许

挞皮

材料	用量
黄油	80g
糖粉	40g
盐	少许
蛋液	28g
低筋面粉	130g
杏仁粉	20g
香草籽	少许
防粘用低筋面粉	少许

杏仁奶油

材料	用量
黄油	50g
糖粉	50g
蛋液	50g
杏仁粉	50g
开心果酱	40g

奶油

材料	用量
马斯卡彭奶酪	110g
鲜奶油	110g
白砂糖	20g
香草籽	少许

●工具

搅拌碗，刮板，擀面杖，保鲜膜，叉子，油纸，重石，硅胶铲，打蛋器，面粉筛，刮刀，刷子，挞模

制作方法

制作挞皮。将低筋面粉、杏仁粉、糖粉、盐、香草一起筛入搅拌碗中，放入黄油，用硅胶刮板切拌均匀。

用双手将黄油和面粉揉合在一起。在搅拌碗中打入鸡蛋，用硅胶刮板切拌均匀。

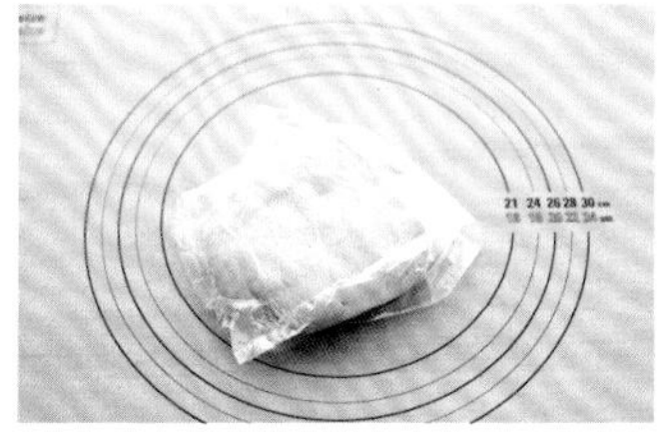

将面团移到案板上，用手掌向前揉搓 3 次后，用刮板将面团聚到一起，揉捏成团，用保鲜膜包好，放入冰箱冷藏 1 个小时。

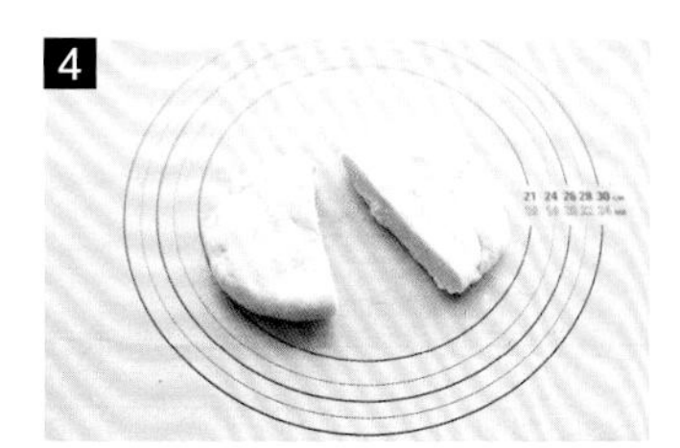

将冷藏好的面团从冰箱中取出，对分开，撒上少量低筋面粉，分别擀成比挞模稍大的面片。

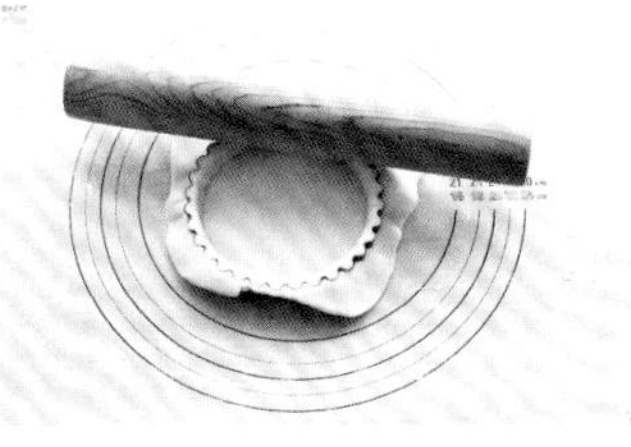

面片厚度 2~3mm，将面片垫在挞模中，四周多出的面片用擀面杖擀掉就可以了。

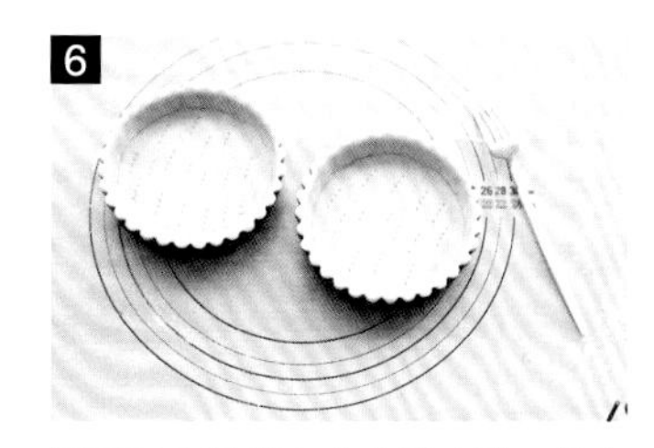

用叉子在挞皮上扎几排小孔，放入冰箱冷藏 10~20 分钟。

取出挞模，垫上油纸，放上重石，放入预热至 160℃的烤箱烘烤 30 分钟。

烤好后，拿开挞模上的重石和油纸，再次放入烤箱内烘烤 5 分钟。从烤箱中取出，冷却后脱模。

制作杏仁奶油。在搅拌碗中放入软化的黄油，搅拌均匀，加入糖粉，搅拌均匀。

一边倒入蛋液，一边搅拌。

将杏仁粉筛入搅拌碗中，搅拌均匀，倒入开心果酱，搅拌均匀。

将杏仁奶油倒入挞皮中，放入预热至160℃的烤箱中烘烤25分钟。

取出蛋挞，冷却后脱模。

无花果去皮后切薄片。

制作奶油。在搅拌碗中倒入马斯卡彭奶酪，搅拌均匀后倒入香草籽和白砂糖，搅拌均匀。加入鲜奶油，打发。

用刮刀将做好的奶油涂抹在蛋挞表面，然后在上面贴上无花果薄片。

将明胶与水按照1:1的比例混合熬煮，均匀地涂抹在无花果表面。最后在表面放上1~2粒切开的开心果做装饰即可。

红茶巧克力慕斯蛋糕

制作蛋糕坯时，如果面糊搅拌时间过长就会过稀，无法挤出好看的形状，所以搅拌时一定要注意。

材料 〔直径 15cm 的慕斯蛋糕 1 个〕

蛋糕坯

鸡蛋	2 个
白砂糖	60g
低筋面粉	52g
无糖可可粉	8g
红茶粉	2g
糖粉	少许

巧克力奶油

* 奶茶	100g
蛋黄	1 个
白砂糖	10g
牛奶巧克力	100g
黑巧克力	50g
鲜奶油	200g
吉利丁片	2g

*** 奶茶**

鲜奶油	150g
伯爵红茶	12g

●工具

搅拌碗，打蛋器，烤盘，硅胶铲，裱花袋，圆形裱花嘴（直径 8mm~1cm），刀，圆形蛋糕模，小锅，面粉筛，刮刀

制作方法

制作蛋糕坯。分离蛋白和蛋黄，将蛋白倒入搅拌碗中，稍微打发。白砂糖分 3 到 4 次加入，每次加入后都需要打发，打发至提起打蛋器时，蛋白霜表面有小角立起。

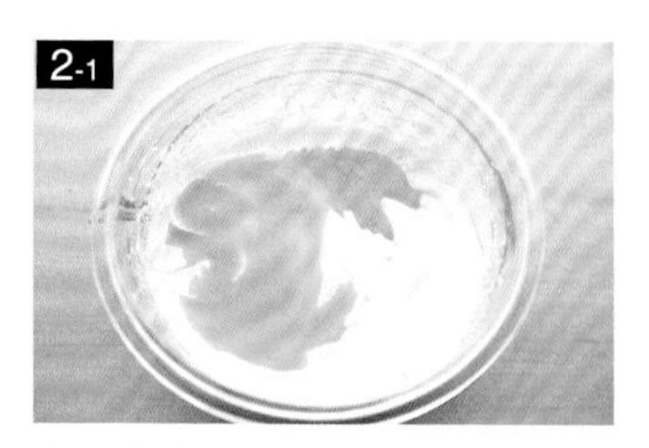

将蛋黄打散后倒入打发的蛋白霜中，搅拌均匀。

将低筋面粉、无糖可可粉、红茶粉筛入蛋白霜中，用硅胶铲快速搅拌均匀。

在烤盘上铺好油纸，将面糊倒入装有圆形裱花嘴的裱花袋中。在烤盘上挤出并列的 4cm 长的面糊条约 40 条，再挤出两个比慕斯模具稍微小一点的螺旋状面糊。筛上糖粉，重复 2 次。

放入预热至 180℃的烤箱中，烘烤 10~13 分钟。烤好后放在晾网上冷却。

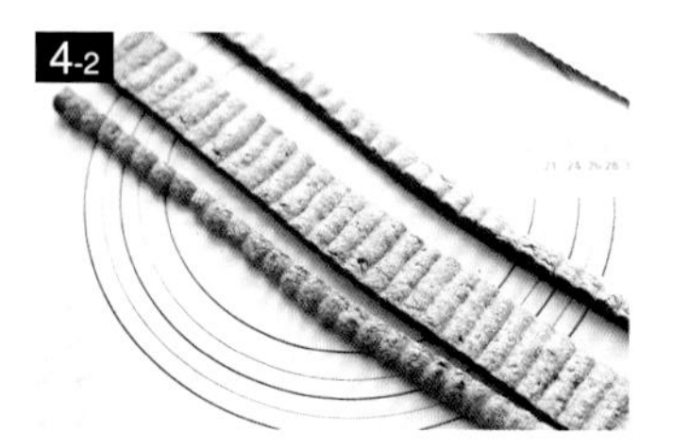

将长方形的蛋糕坯切去边缘 1cm，方便放入模具中。

将螺旋形蛋糕坯放在模具底部，将长方形蛋糕坯贴着模具绕一圈。

将吉利丁片放入冷水中泡 5 分钟。

制作奶茶。在小锅中倒入 150g 鲜奶油和 12g 红茶，稍微熬煮一下。关火后焖 5 分钟，浓郁的奶茶就制作完成了。

黑巧克力和牛奶巧克力隔水加热化开。

在另一个搅拌碗中倒入蛋黄和白砂糖，搅拌均匀。倒入 100g 奶茶，搅拌均匀。

将蛋奶糊倒入小锅中，开小火到中火慢慢熬煮，边煮边用硅胶铲画“8”字搅拌。熬煮时要慢慢升温。煮至硅胶铲上有明显的蛋奶糊残留。

关火，将泡好的吉利丁片挤干水分，放入小锅中，搅拌均匀。

将面糊筛入装有化开的巧克力的搅拌碗中，搅拌均匀后冷却。

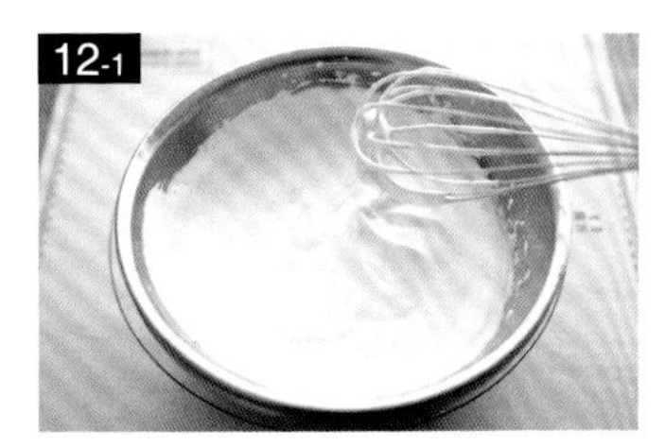

将鲜奶油倒入搅拌碗中，将搅拌碗放在冷水上，稍微打发鲜奶油。

当巧克力面糊冷却至与人体温度差不多时，就可以将打发的鲜奶油分3次加入面糊中，每次加入后都要搅拌均匀。

将巧克力奶油倒至模具1/2处，上面再放入一片螺旋形蛋糕坯，缝隙处挤入巧克力奶油。

用刮刀将慕斯表面刮平，放入冰箱冷藏1个小时。

将剩余的慕斯奶油挤入小蛋糕饼中。当蛋糕脱模后放在蛋糕上做装饰。

冷藏过的慕斯蛋糕不易脱模，可以用热毛巾包裹住蛋糕，当蛋糕温度上升时，比较容易脱模。

万圣节饼干

拿出冷藏好的面团，要先用手揉搓一下，再用擀面杖擀制，否则面团容易裂开。擀面团时，先在案板上撒上少许低筋面粉，防止面团粘在案板上。如果将面团长时间放置在室温环境下，就会变软，所以要将面团放在冰箱中冷藏保存。

材料 〔直径 5cm 的饼干 30~40 个〕

南瓜饼干

黄油…………85g
白砂糖…………80g
盐…………少许
低筋面粉…………185g
南瓜粉…………17g
泡打粉…………1g
蛋液…………1个
南瓜子…………少许
防粘用低筋面粉…………少许

可可饼干

黄油…………85g
白砂糖…………80g
盐…………少许
低筋面粉…………185g
无糖可可粉…………15g
泡打粉…………1g
蛋液…………1个
南瓜子…………少许
防粘用低筋面粉…………少许

糖霜

蛋白…………20g
糖粉…………80g
柠檬汁…………少许
可可粉…………少许

●工具

搅拌碗，打蛋器，烤盘，万圣节饼干切模，硅胶铲，擀面杖，裱花袋，油纸

制作方法

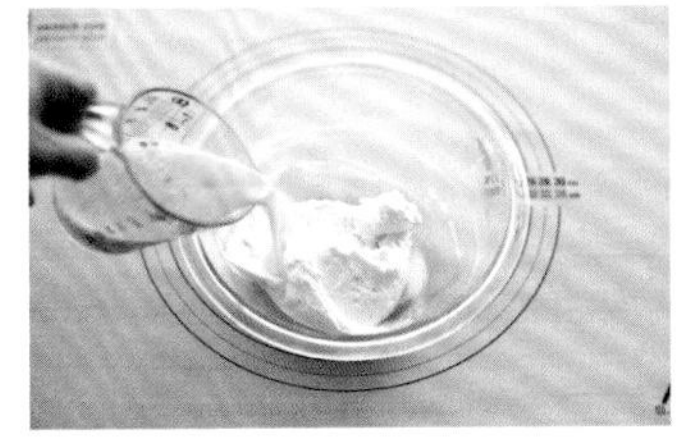

在搅拌碗中放入软化的黄油，加入盐和白砂糖，搅拌均匀。搅拌至黄油发白时，一边倒入蛋液，一边搅拌。

将南瓜粉筛入搅拌碗中，搅拌均匀。将低筋面粉和泡打粉筛入搅拌碗中，搅拌均匀后揉捏成团。

用保鲜膜包住面团，压平后放入冰箱中冷藏 1 个小时。

在案板上撒上面粉，取出面团，稍微揉搓一下，用擀面杖擀成 4~5mm 厚的面片。用万圣节饼干模在面片上压出饼干形状。

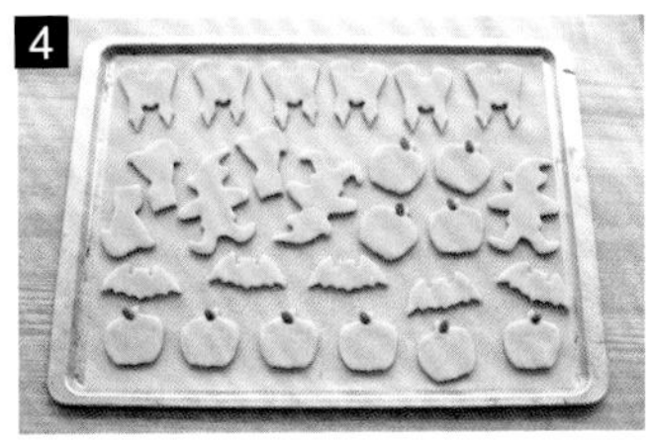

用南瓜子装饰南瓜形状的饼干。放入预热至 170℃的烤箱内，烘烤 12~15 分钟就可以了。

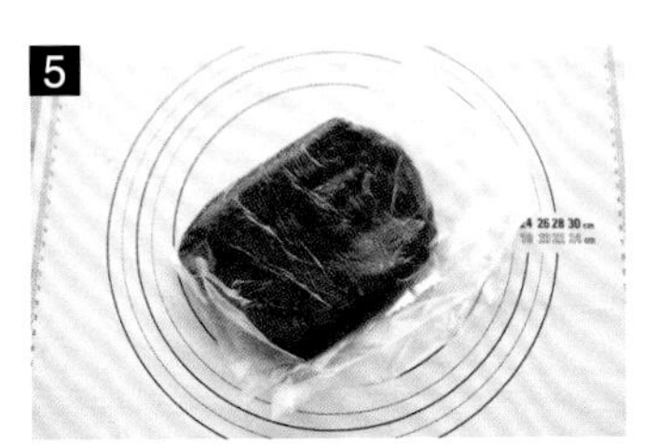

可可面团的制作方法和制作材料与南瓜面团基本相同，仅需将南瓜粉替换成无糖可可粉。

在案板上撒上面粉，取出面团，稍微揉搓一下，用擀面杖擀成 4~5mm 厚的面片。用万圣节饼干模在面片上压出饼干形状。放入预热至 170℃的烤箱内，烘烤 12~15 分钟就可以了。

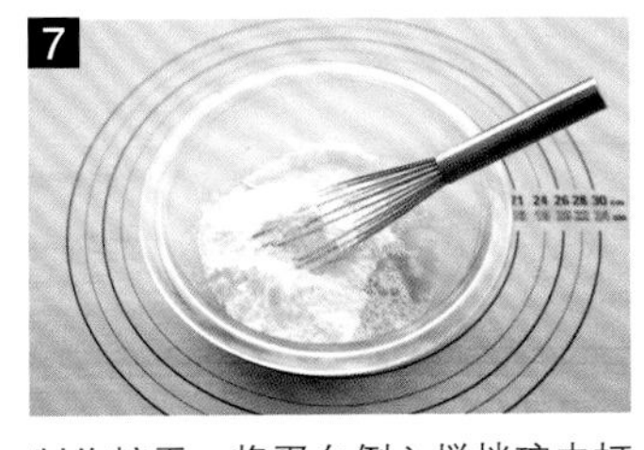

制作糖霜。将蛋白倒入搅拌碗中打发，筛入糖粉后，倒入少许柠檬汁，搅拌均匀。将糖霜分成 2 份，其中 1 份加入可可粉，制作成可可糖霜。

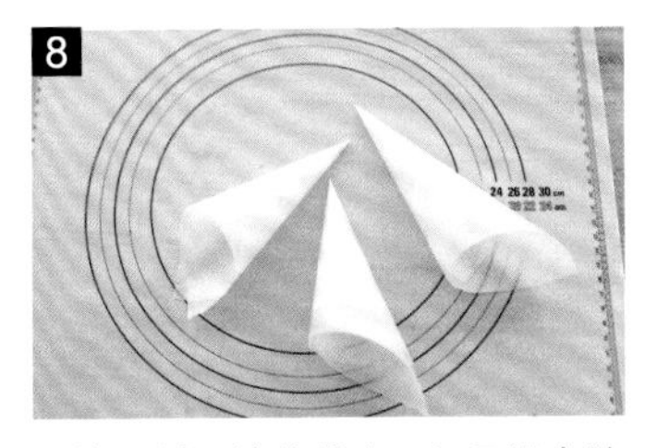

将糖霜倒入裱花袋中。如果没有裱花袋，将油纸卷成圆锥状就可以了。将 2 种糖霜分别倒入裱花袋中。

将 2 种饼干放在晾网上冷却，根据个人喜好，用 2 种糖霜在饼干上画出图案。

开心果磅蛋糕

烘烤蛋糕时，要根据蛋糕的烘烤情况，适当调整烘烤时间。用一根竹扦子插到蛋糕中，拔出竹扦子，如果上面没有粘到面糊，就证明蛋糕烤好了。

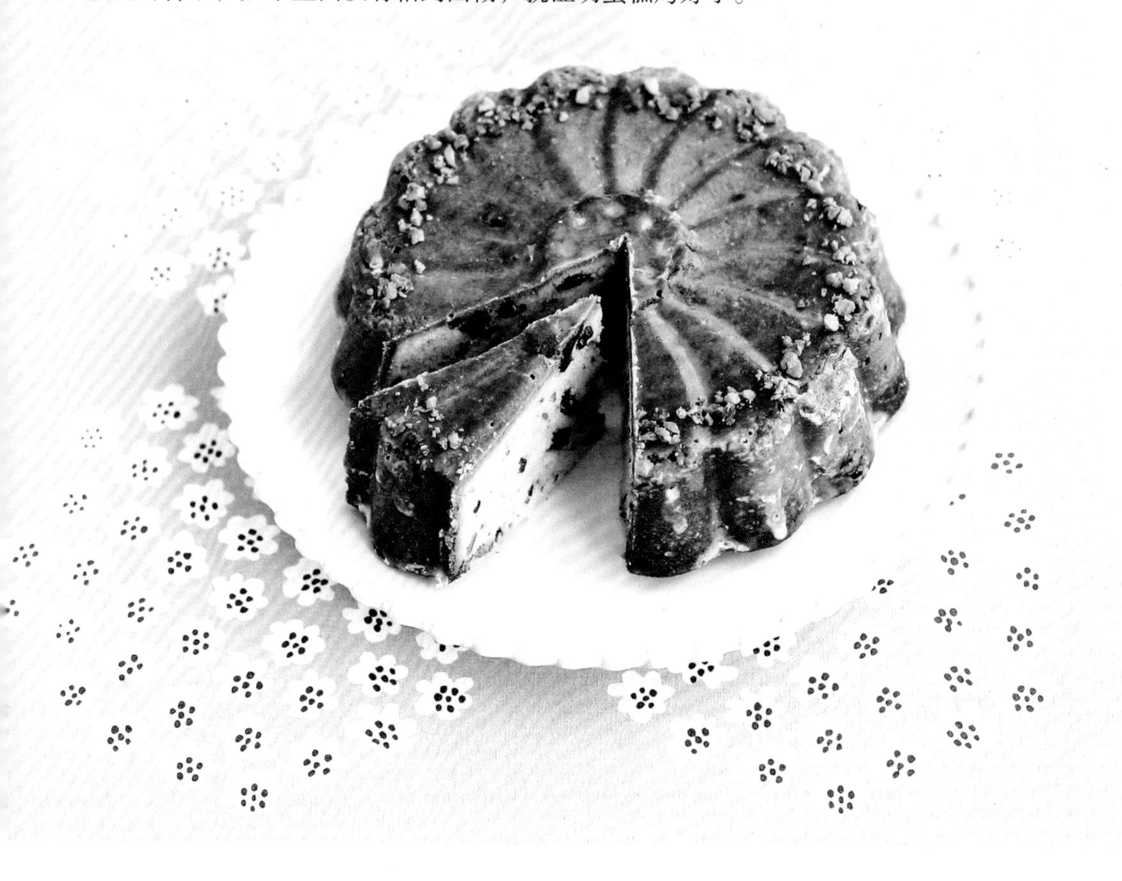

材料 〔直径 15cm 的菊花形蛋糕模 1 个〕

黄油	100g	低筋面粉	110g
白砂糖	80g	玉米淀粉	10g
盐	少许	蔓越莓干	30g
蛋液	2 个	装饰用开心果	少许
蛋黄	1 个	防粘用黄油和低筋面粉	少许
香草籽	少许	**糖霜**	
开心果酱	40g	糖粉	40g
泡打粉	2g	水	10g

●工具

搅拌碗，硅胶铲，打蛋器，面粉筛，菊花形蛋糕模，晾网，刷子，刀，料理机

制作方法

1

将蔓越莓干和开心果切碎。在模具内壁刷上黄油，倒入面糊前，将模具放入冰箱中冷藏片刻。

2-1

制作蛋糕糊。在搅拌碗中放入软化的黄油，加入盐和白砂糖，搅拌均匀。

2-2

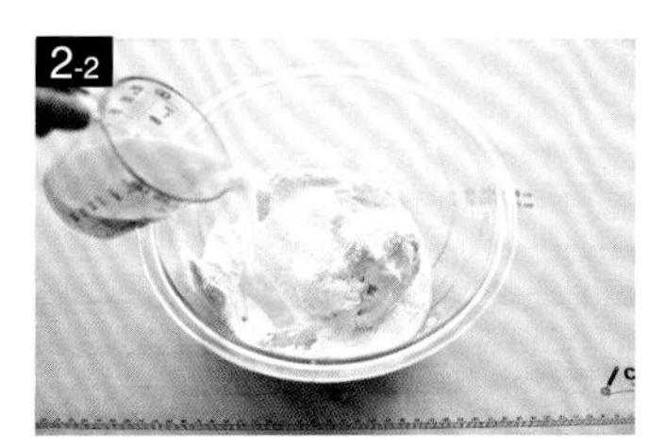

搅拌至黄油发白时，一边倒入鸡蛋液，一边搅拌。蛋液要分 3 次倒入。再放入少许香草籽（可不加）。

3

将低筋面粉、玉米淀粉、泡打粉过筛，将 1/3 粉类倒入搅拌碗中，搅拌均匀，再倒入开心果酱，搅拌均匀。

4

将剩余的 2/3 粉类倒入搅拌碗中，搅拌均匀。

5

将蔓越莓干和开心果碎倒入搅拌碗中，搅拌均匀。从冰箱中取出模具，在上面撒上低筋面粉，将面糊倒入其中。

6

将烤箱提前预热至 180℃，将蛋糕放入烤箱中，再将烤箱温度调至 170℃，烘烤 30~35 分钟。

7

将烤好的蛋糕放在晾网上冷却，涂抹上糖霜（制作方法见 P121 步骤 7）。在糖霜干掉之前，在蛋糕表面撒上一圈装饰用的开心果碎。

钻石曲奇

想要把面团揉成棒状，可以用油纸将面团包起来，在案板上反复揉搓。将面团放入冰箱中冷藏一下，切出的圆形饼干会更完整。

材料 〔40~42 个〕

黄油…………………………150g
糖粉…………………………90g
盐…………………………少许
香草籽…………………………少许
蛋液…………………………30g
低筋面粉…………………………250g
帕马森干酪…………………………50g
白砂糖…………………………少许

●工具

芝士磨碎器，搅拌碗，打蛋器，硅胶铲，油纸，烤盘，刀

制作方法

用芝士磨碎器将干酪刨成颗粒状。

2

将软化的黄油放入搅拌碗中，放入糖粉和盐，搅拌均匀。倒入蛋液和少许香草籽，搅拌均匀。

3

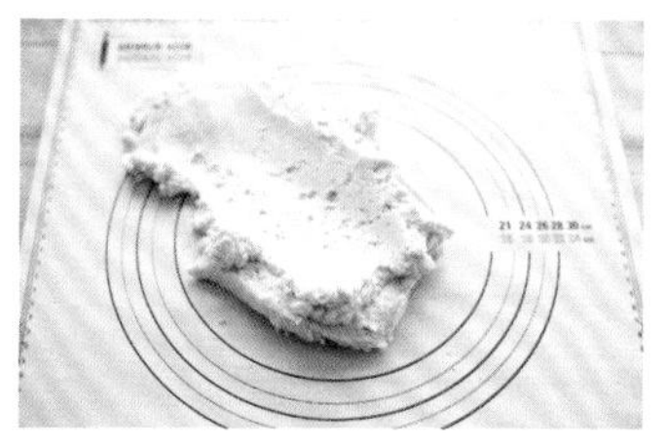

将过筛后的低筋面粉和磨碎的芝士倒入搅拌碗中，搅拌均匀。用刮板将案板上的面团摊开，用手将面团来回揉搓 3 至 4 次。

4

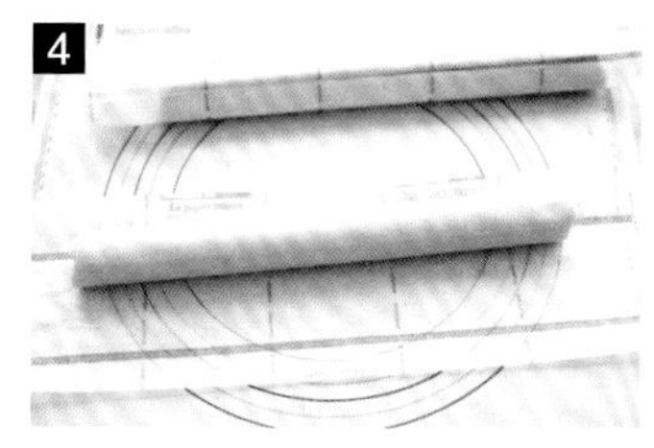

将面团分成两份，搓揉成直径约 2.5cm 的棒状。

5

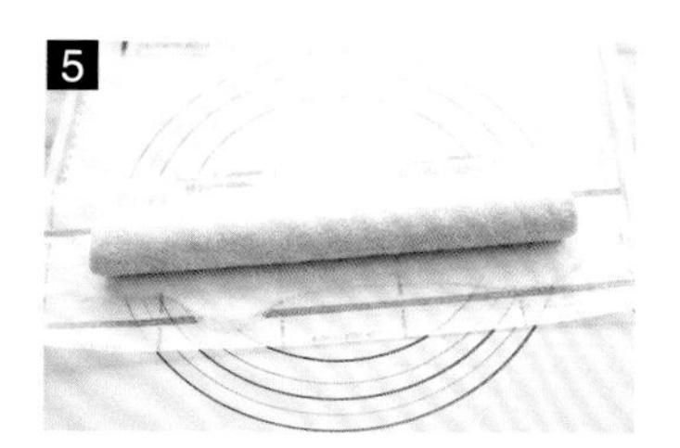

将棒状的面团用油纸包好，放入冰箱中冷藏 1 个小时，取出后在表面裹上白砂糖。

6

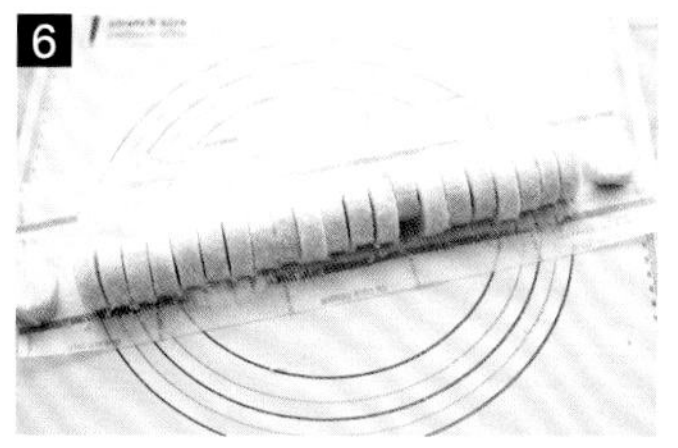

用刀将棒状面团切成 1cm 宽的圆形。从冰箱中拿出来时面团会偏硬，可以放在室温下软化一会儿，会比较容易切。

7-1

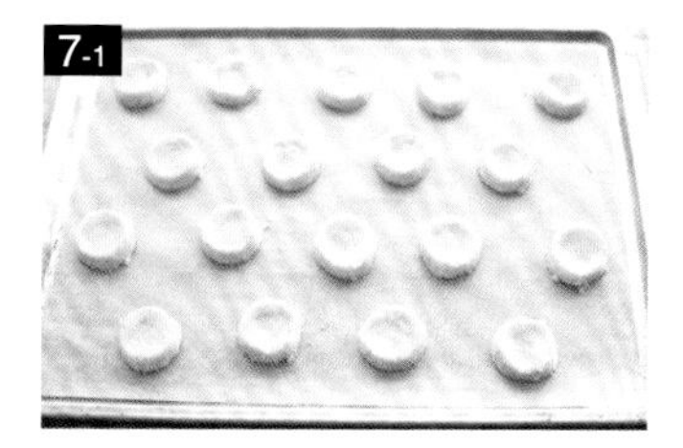

将切好的饼干坯并排放在烤盘上，用拇指轻轻按压饼干坯中部，放入预热至 165℃的烤箱中烘烤 13~15 分钟。

7-2

取出饼干，放入包装袋中包装好。

橘皮巧克力迷你磅蛋糕

如果没有迷你磅蛋糕连模，可以用其他模具来代替。也可以用玛芬蛋糕模或者圆形蛋糕模来烘烤蛋糕。

材料 〔9.2cm × 6cm × 3.5cm 磅蛋糕 6 个〕

黄油……………………… 150g
非精制黄砂糖…………… 120g
盐………………………… 少许
蛋液………………………3 个
橘子利口酒…………… 2 小匙
低筋面粉………………… 120g
可可粉…………………… 40g
泡打粉………………… 1 小匙
橘子皮…………………… 90g
装饰用橘子皮…………… 少许
黄油……………………… 少许

巧克力镜面

黑巧克力………………… 100g
鲜奶油…………………… 100g

●工具

搅拌碗，打蛋器，硅胶铲，磅蛋糕连模，小锅，晾网，刷子，烤盘

制作方法

1

用刷子在迷你磅蛋糕连模内壁刷上黄油。

2

在搅拌碗中放入软化的黄油、黄砂糖和盐，搅拌均匀。将蛋液分 3 至 4 次倒入搅拌碗中。

3

倒入橘子利口酒（可不加），搅拌均匀。将低筋面粉、可可粉、泡打粉筛入搅拌碗中，搅拌均匀。

4

倒入切碎的橘子皮，搅拌均匀。

5

将面糊倒入模具中，放入预热至 170℃的烤箱中烘烤 25~30 分钟。脱模后放在晾网上冷却。

6-1

趁冷却蛋糕时，制作巧克力镜面淋酱。将鲜奶油倒入小锅中熬煮，巧克力隔水化开后与熬煮好的鲜奶油混合，搅拌均匀。

6-2

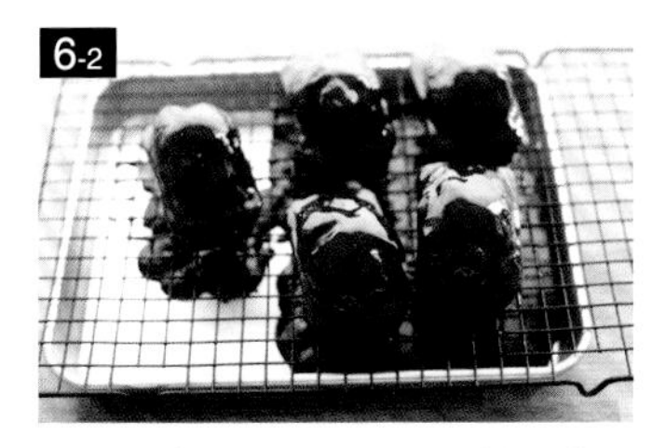

将晾网放在烤盘上，在蛋糕上淋上巧克力镜面淋酱，再放上橘皮做装饰。

巧克力布朗尼

用食物料理机打碎巧克力会比较方便。黄油的软化程度和蛋液的分量都会影响面团的黏稠度。面团较松散时，多加一些水和蛋液就可将面团揉成一团。

材料〔约 70 个〕

黄油	150g	泡打粉	2g
黑巧克力（或牛奶巧克力）	150g	小苏打	2g
低筋面粉	230g	盐	少许
无糖可可粉	20g	蛋液	1 个
黄砂糖（或白砂糖）	125g	水	1~2 小匙

●工具

料理机，密封袋，刀，烤盘

制作方法

由于需要将巧克力磨碎，使用料理机会比较方便。将低筋面粉、泡打粉、小苏打、盐、黄砂糖、无糖可可粉、黑巧克力放入料理机中打碎。

将黄油加入料理机中搅拌打碎。

倒入蛋液和水，搅拌均匀。

混合均匀后取出面块，整理成面团。

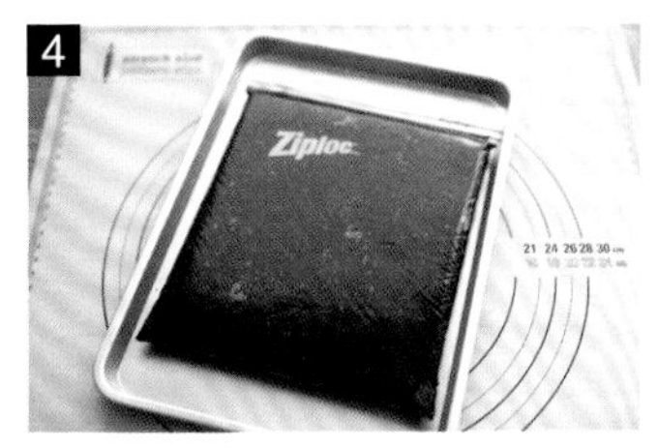

将面团塞入密封袋中，排出袋中的空气后密封，将面团用擀面杖擀制成方形。然后将其放入冰箱中冷藏1个小时。

取出面团，切成2cm×2cm的小块。如果面团刚从冰箱中取出时不容易切开，可以先在室温下放置一会儿再切。

将切好的小块放在烤盘上，放入预热至170℃的烤箱中烘烤15~18分钟。烤好后放在晾网上冷却。

榛子费南雪

将榛子粉和榛子烘烤一下再使用，味道会更加香浓。但要注意，烘烤过久容易焦煳。

材料 ［6cm × 3cm × 2cm 费南雪 12 个］

黄油…………………………100g
蛋白…………………………100g
非精制黄砂糖………………75g
蜂蜜…………………………20g
榛子粉（也可以用杏仁粉代替）
……………………………………40g
低筋面粉……………………40g
玉米淀粉……………………5g
榛子…………………………40~50g

●**工具**
小锅，搅拌碗，打蛋器，硅胶铲，裱花袋，费南雪连模，刷子，面粉筛，刀，案板

制作方法

1

将榛子粉和榛子放在烤盘上，放入预热至180℃的烤箱中，烘烤5分钟。

2

榛子粉冷却后，筛入低筋面粉和玉米淀粉，搅拌均匀。准备放入面团中的榛子切碎，准备装饰在点心上面的榛子对半切开。

3

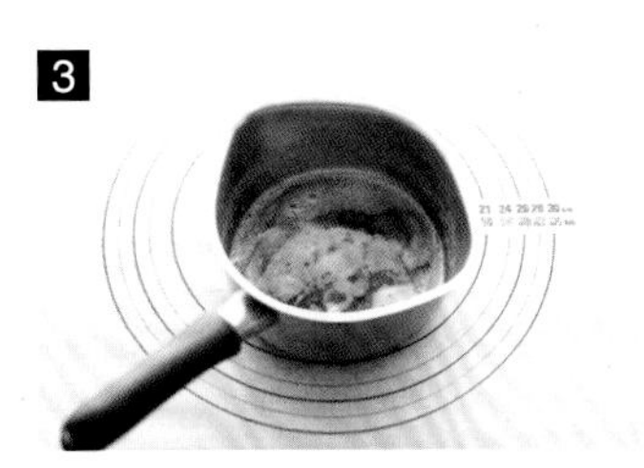

将黄油放入小锅中，用中火加热至呈褐色后再冷却。用刷子蘸取少许黄油，涂抹在费南雪模具内壁。

4

将蛋白倒入搅拌碗中，稍微搅拌后，倒入黄砂糖和蜂蜜，搅拌均匀。

5

将混合的低筋面粉、榛子粉、玉米淀粉筛入搅拌碗中，搅拌均匀。也可以用土豆淀粉代替玉米淀粉。

6

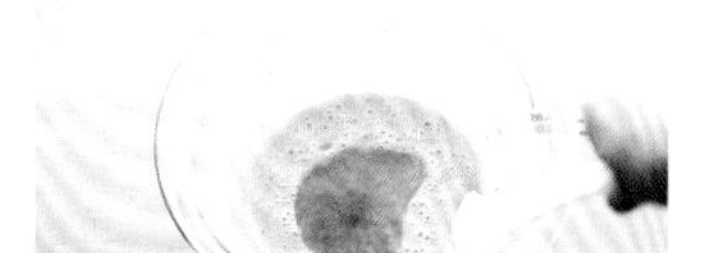

将冷却的黄油筛入搅拌碗中，搅拌均匀。黄油一定要过筛，否则熬煮后残留的黄油渣会混入面糊。

7

将榛子碎倒入面糊中，搅拌均匀。

8

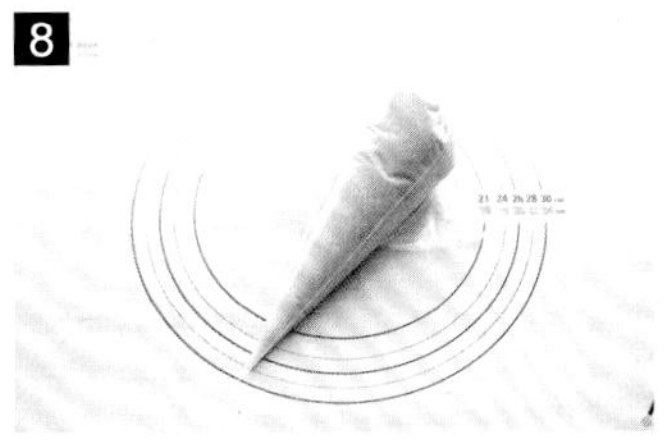

将面糊倒入裱花袋中。

9

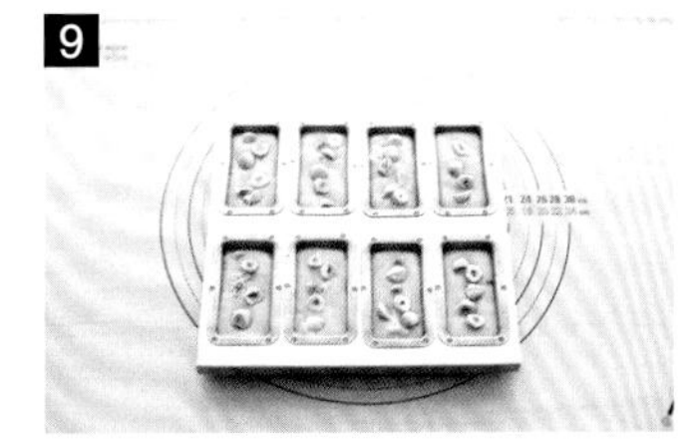

将面糊挤至模具的8分满就可以了，表面撒上榛子。放入预热至180℃的烤箱中，烘烤12~15分钟。烤好后脱模，冷却。

开心果费南雪

烤好后，为防止蛋糕水分流失，要先脱模后，再冷却。
为保持蛋糕的口感，冷却后要放入密封袋保存。

材料 [4.3cm × 5.2cm × 2.9cm 的费南雪 12 个]

黄油……………………… 100g
蛋白……………………… 100g
白砂糖…………………… 70g
蜂蜜……………………… 20g
杏仁粉…………………… 40g
低筋面粉………………… 45g
玉米淀粉………………… 5g
开心果酱………………… 50g
开心果碎………………… 20g
涂抹模具的黄油………… 少许

●**工具**
小锅，搅拌碗，打蛋器，硅胶铲，裱花袋，费南雪连模（或方形模），刷子，刀，案板

制作方法

1

准备开心果碎与开心果酱。用刷子蘸取少许黄油，涂抹在模具内壁。

2

将黄油放入小锅中，用中火加热至呈褐色后关火，然后冷却。

3

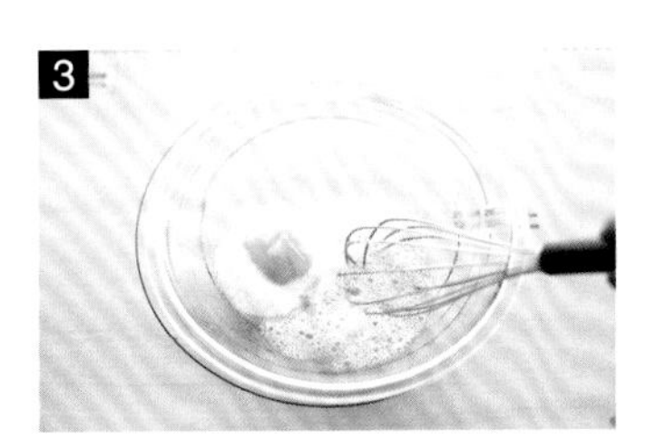

将蛋白倒入搅拌碗中，稍微搅拌后，倒入白砂糖和蜂蜜，搅拌均匀。

4

将低筋面粉、杏仁粉、玉米淀粉筛入搅拌碗中，搅拌均匀。也可以用土豆淀粉代替玉米淀粉。

5

倒入开心果酱，搅拌均匀。

6

将冷却的黄油筛入搅拌碗中，搅拌均匀。黄油一定要过筛，否则熬煮后残留的黄油渣滓会混入面糊。

将开心果碎倒入面糊中，搅拌均匀。

将面糊倒入裱花袋中。

9

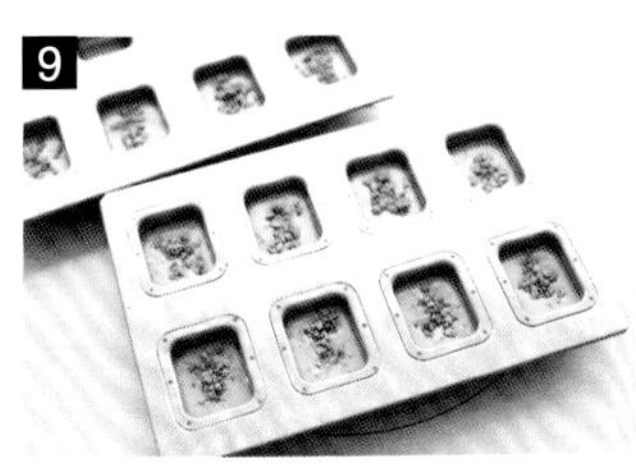

面糊挤至模具的 8 分满就可以了，表面再撒上开心果碎。放入预热至180℃的烤箱中，烘烤 12~15 分钟。烤好后脱模，冷却。

马卡龙冰激凌

如果觉得制作圆形冰激凌太烦琐，可以使用挖球器。也可以直接使用市面上售卖的冰激凌，只制作马卡龙饼坯就可以了。

材料 〔直径 8cm 的马卡龙 4 个〕

冰激凌	
牛奶	500g
鲜奶油	100g
香草豆荚	1/2 根
白砂糖	90g
蛋黄	5 个
冷冻蓝莓	50g
蓝莓酱	30g

马卡龙	
蛋白	55g
白砂糖	40g
蛋白粉	1g
杏仁粉	60g
糖粉	90g
食用色素	少许

●**工具**

小锅，硅胶铲，面粉筛，搅拌碗，打蛋器，电动打蛋器，冰激凌机，直径 8cm 的圆形蛋糕模，烤盘，料理机，刮板，圆形裱花嘴，裱花袋，温度计，油纸，白纸

制作方法

1

制作冰激凌。可提前一天制作好。将牛奶、鲜奶油、香草籽倒入小锅中，煮一会儿。

2

将蛋黄倒入搅拌碗中，打散后加入白砂糖，搅拌均匀。

3

搅拌至液体颜色发白时，倒入煮好的牛奶混合液，用打蛋器搅拌均匀后再倒入小锅中。

4

边用中火熬煮冰激凌浆，边用硅胶铲画“8”字搅拌，熬至84℃就可以了。若没有温度计，观察冰激凌浆表面有热气升起，提起硅胶铲时，硅胶铲上有面糊残留，即可关火。（参考P119）

5

将冰激凌浆筛入搅拌碗中。如果要制作两种口味的马卡龙，就将冰激凌浆分别放在两个搅拌碗中冷却。可将搅拌碗冰镇，冰激凌浆冷却更快。

6

在一份冰激凌浆中放入冷冻蓝莓和蓝莓酱，搅拌均匀。

7

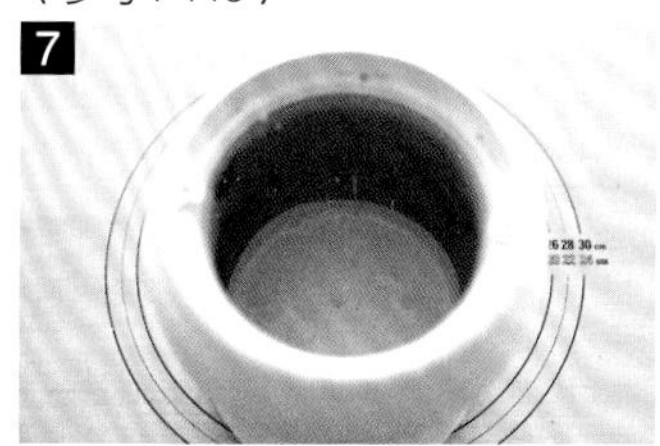

将冰激凌浆倒入冰激凌机中。如果没有冰激凌机，可以将冰激凌浆放入密封容器中，放入冰箱冷冻1小时后取出，用叉子翻松表面，反复多次后，冰激凌制作完成。（参考P80）

8

将冰激凌浆倒入冰激凌机中，一直搅拌到出现冰激凌的质感。将制作好的冰激凌放入冰箱中冷冻一会儿。

9

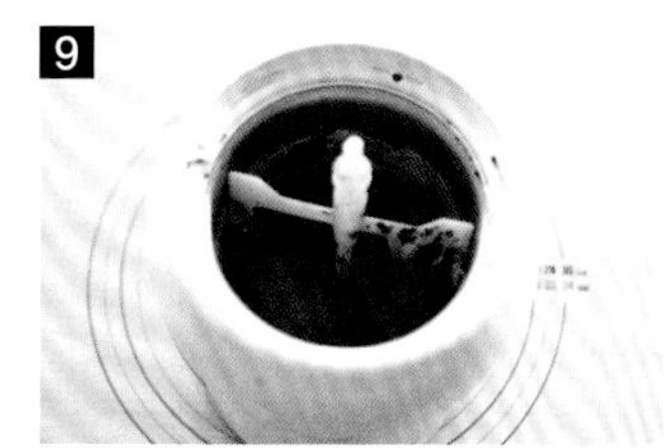

蓝莓冰激凌的制作方法与香草冰激凌相同。

10

将冰激凌装入直径8cm的圆形模具中，包上保鲜膜。模具约1.5cm~2cm高。

11

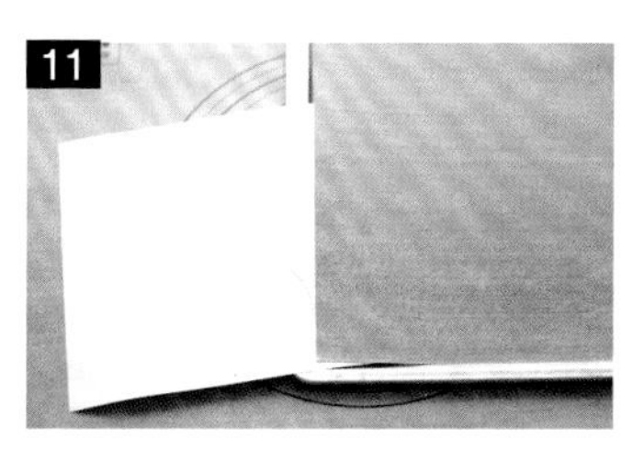

制作马卡龙饼。在白纸上画出与冰激凌大小差不多的圆形，将白纸垫在油纸下。

12

将杏仁粉和糖粉倒入搅拌机中，搅拌均匀。取出，过筛两次后备用。

将蛋白和蛋白粉倒入搅拌碗中，稍微打出气泡。将一半白砂糖倒入搅拌碗中，继续打发。

将剩余的白砂糖分两次倒入搅拌碗中，每次加入后都要打发，打发至提起打蛋器时有丝带状奶油垂落。放入一点食用色素，搅拌均匀。

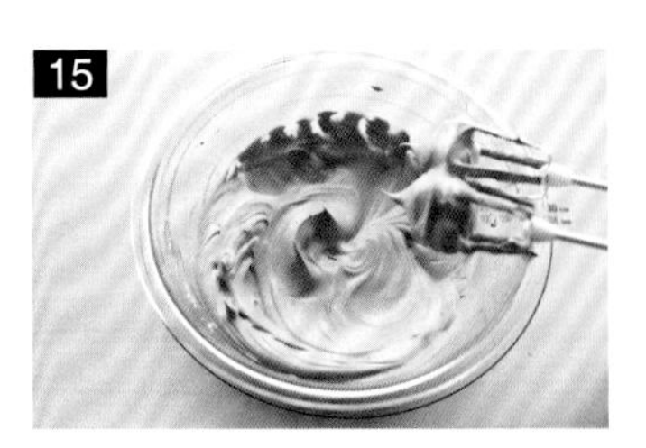

将蛋白霜调整至想要的颜色后，继续打发，直到蛋白霜表面有明显纹路。

将杏仁粉和糖粉加入搅拌碗中，用硅胶铲搅拌均匀。

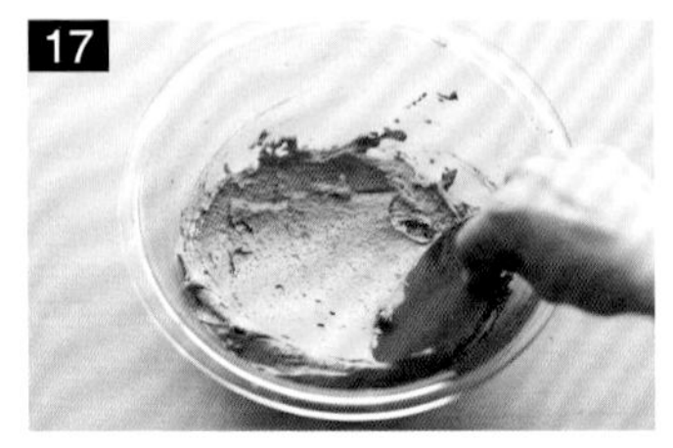

用刮板搅拌至面糊中无面粉颗粒残留。

如果搅拌时间过长，面糊会变得稀薄，搅拌至提起刮板时有丝带状面糊垂落即可。

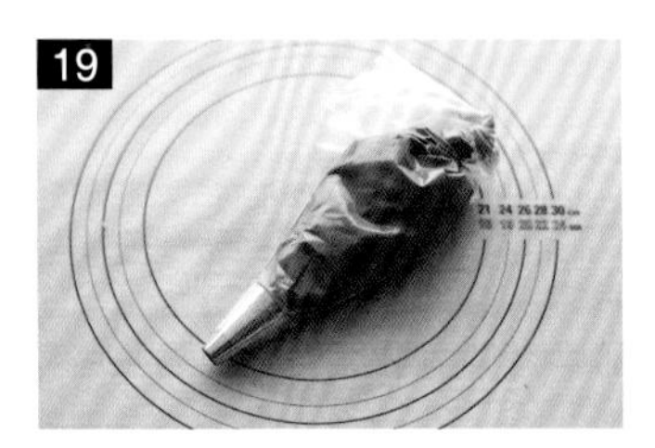

将面糊倒入装有直径 1cm~1.2cm 圆形裱花嘴的裱花袋中。

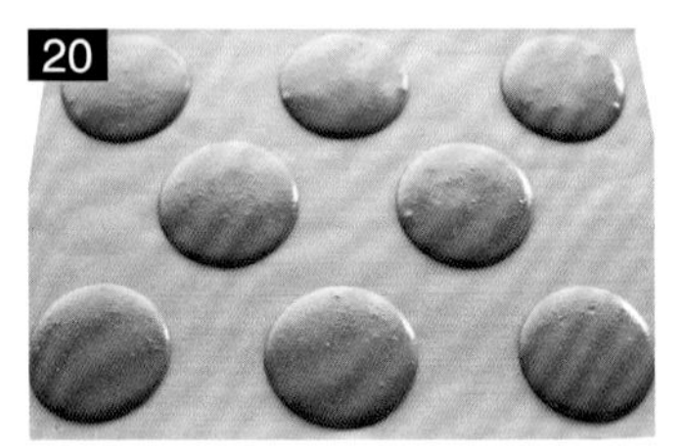

在油纸上按白纸所画形状挤出适当大小的圆形面糊，然后将油纸下面的白纸抽走。挤好的面糊放置在室温下静置 30~40 分钟。

当用手指轻碰面糊时，面糊不再粘手即可放入提前预热到 160℃的烤箱，将温度调到 130℃，烘烤 15~18 分钟就可以了。

将冰激凌夹到马卡龙饼坯中。也可以用圆形饼干模压出圆形冰激凌后夹入马卡龙饼坯中。做好的马卡龙可以直接吃，也可以密封后放入冰箱中保存。

坚果巧克力

如果没有硅胶模具，可以在油纸上挤上巧克力，然后在上面摆上坚果就可以了。

材料 〔直径 4cm 的圆巧克力 40 个，4cm 长的方巧克力 40 个，根据厚度来调整数量〕

黑巧克力…………………… 200g
半干燥无花果……………… 20g
开心果……………………… 20g
杏仁………………………… 20g
蔓越橘……………………… 20g

●**工具**
碗，硅胶铲，温度计，硅胶模具，裱花袋

制作方法

1

将干果切成适口的大小。

2

隔水加热使巧克力化开。

3

将巧克力隔水加热至 45~50℃，边加热边搅拌。

4

冰镇搅拌碗，将巧克力的温度下降到 27℃，继续搅拌。

5

继续将巧克力隔水加热，使温度保持在 31~32℃。

6

将制作好的巧克力酱装入裱花袋中。

7

在硅胶模具中挤入一层薄薄的巧克力，将坚果放在巧克力表面，放在凉爽的地方使巧克力凝固。

香草太妃糖

制作香草太妃糖时，需添加法国产的盐之花，味道会更好。香草太妃糖放在室温下容易变软，所以一定要放到冰箱中冷藏保存。

材料〔13cm×13cm 的正方形慕斯模 1 个〕

黄油	25g	鲜奶油	175g
糖浆	50g	香草豆荚	1/2 根
白砂糖	150g	盐之花	3g

●工具

小锅 2 个，硅胶铲，油纸，13cm×13cm 正方形慕斯模或巧克力模 1 个，烤盘 1 个

制作方法

1

在小锅中倒入白砂糖、糖浆、黄油，开中火，熬煮至出现浅棕色。

2

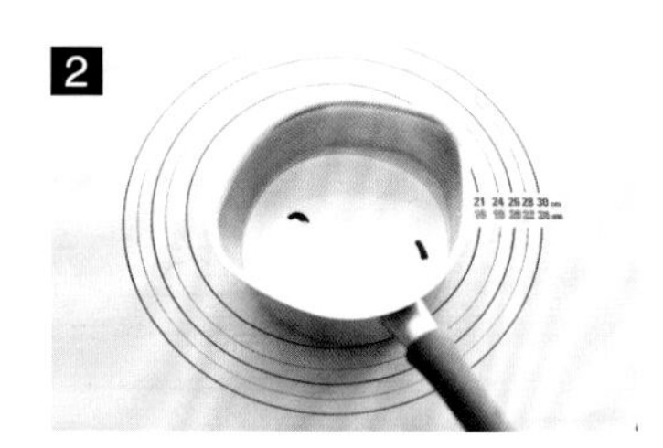

在另一个小锅中，倒入鲜奶油、香草籽、盐之花，熬煮至黏稠。

3

将煮好的鲜奶油缓缓倒入第一个小锅中，慢慢搅拌均匀。

4

开中火，用硅胶铲一边搅拌一边熬煮。加热至 117~118℃就可以了，可用温度计测量。

5

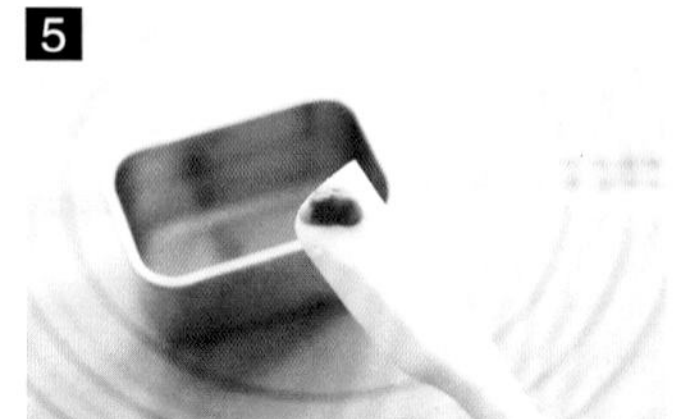

如果没有温度计，可以用硅胶铲蘸一点糖浆，放入冷水中，糖浆不脱落时即可关火。一定要将糖浆熬煮到黏稠状。但是如果将糖浆过度加热，做出的糖就会过硬。

6

将煮好的糖浆倒入模具中，在烤盘上铺好油纸，将装好糖浆的模具放到油纸上，在糖浆表面撒上 3g 盐之花，完全冷却后，放入冰箱中。

7

脱模，用刀切成小块，用防粘的蜡纸或油纸包装。

蓝莓巧克力

这款甜品无须完全烤熟，只需烘烤至3到4分熟即可。

材料〔玛芬蛋糕4个〕

材料	用量
鸡蛋	2个
非精制黄砂糖	60g
香草籽	少许
黄油	60g
黑巧克力	150g
低筋面粉	25g
可可粉	15g
糖粉	少许
蓝莓或草莓	少许

●工具

搅拌碗，打蛋器，面粉筛，玛芬蛋糕模，裱花袋，硅胶铲，烤盘

制作方法

1

将黑巧克力和黄油放入搅拌碗中，隔水加热化开。

2

将鸡蛋打入搅拌碗中，打散后倒入黄砂糖和香草籽，搅拌均匀。然后倒入化开的巧克力和黄油，搅拌均匀。

3

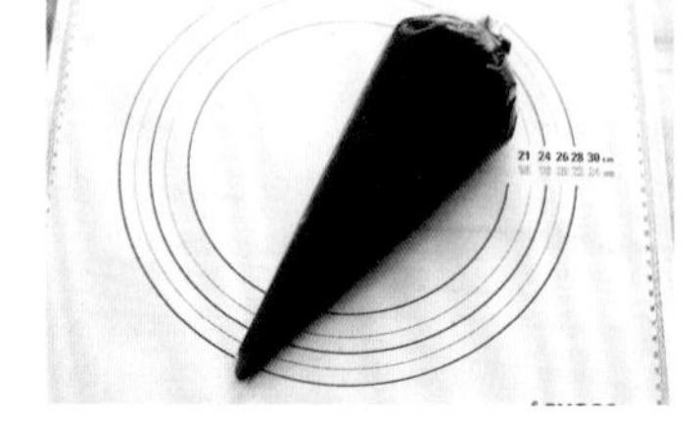

将低筋面粉和可可粉筛入搅拌碗中，搅拌均匀。将面糊装入裱花袋中。

4

将面糊挤入玛芬蛋糕模具中，挤至7~8 分满即可。放入预热至 180℃的烤箱中，烘烤 10 分钟。取出后在表面撒上糖粉，最后放 1~2 颗蓝莓做装饰。

椰蓉饼干

可以加入抹茶粉做出绿色的饼干，或是做出不同的造型，可以当作礼物。

材料 〔椰蓉饼干约 20 个〕

蛋白……………2 个（72~76g）
糖粉………………………… 90g
玉米淀粉…………………… 3g
椰蓉粉……………………… 60g

●工具
搅拌碗，手动打蛋器，搅拌勺，烤盘，硅胶铲

制作方法

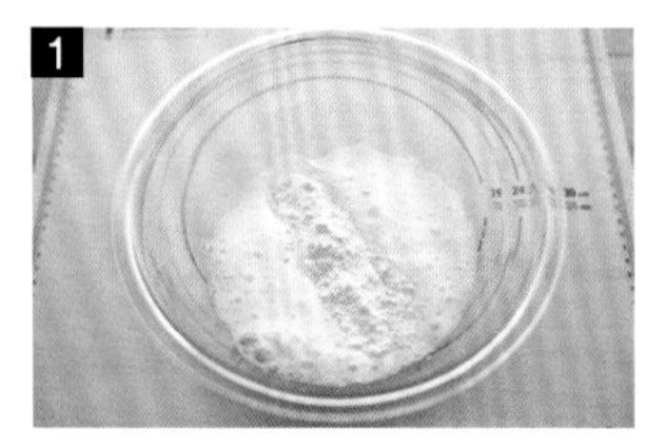

1 将蛋白倒入搅拌碗中，稍微打发，将糖粉分 3 次加入搅拌碗中，每次加入后都要打发。打发至提起打蛋器时有小角立起即可。

2 将玉米淀粉和椰蓉粉筛入搅拌碗中，用硅胶铲搅拌均匀。

3 用两个勺子将饼干面糊整形后放在烤盘上，用一个勺子舀出饼干面糊，再用另一个勺子将饼干面糊刮到烤盘上。高温烘烤下的饼干过干，所以需要长时间低温烘烤。将烤盘放入预热至 100~120℃的烤箱中，烘烤 1 个半小时至 2 小时，取出，放在晾网上冷却。

热巧克力

热巧克力是一款温暖、香甜的饮品，非常适合冬季饮用。夏天饮用时可以加入冰块，制作成冰巧克力。如果没有可可粉，可以再多加入 10~20g 的黑巧克力与牛奶一起熬煮，制作热巧克力。

材料 〔2 人份〕

牛奶………………………… 300g
无糖可可粉………………… 10g
黑巧克力（牛奶巧克力）… 40g

●工具
小锅，打蛋器，杯子

制作方法

1

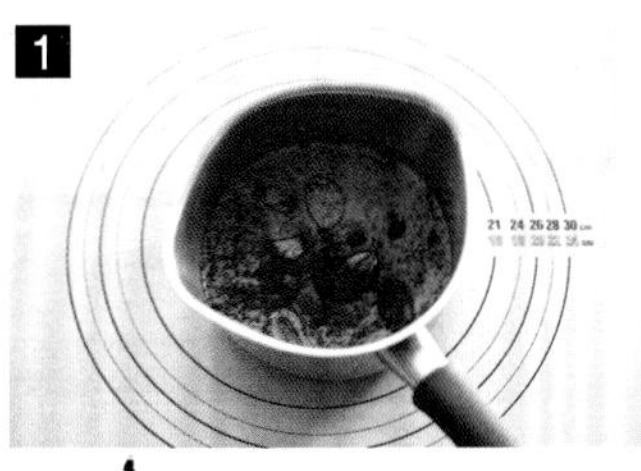

将牛奶、无糖可可粉、黑巧克力放入小锅中，开中火熬煮。

2

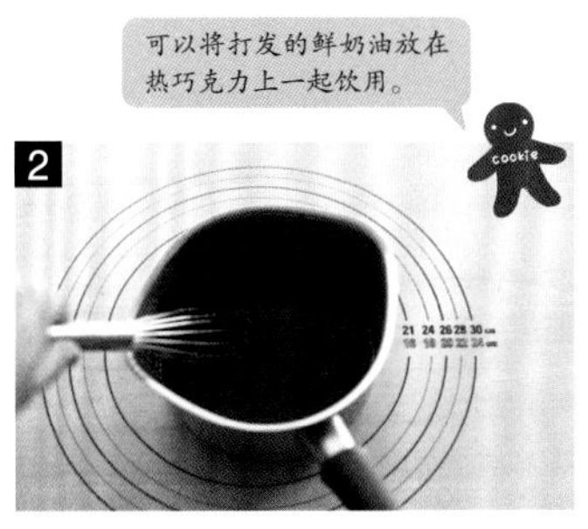

一边熬煮，一边搅拌，搅拌至顺滑后，倒入杯子中，热巧克力就完成了。

梨泰院

在首尔梨泰院，你能领略到世界各国的文化。如果想品尝世界各国美食，就赶快来梨泰院吧。

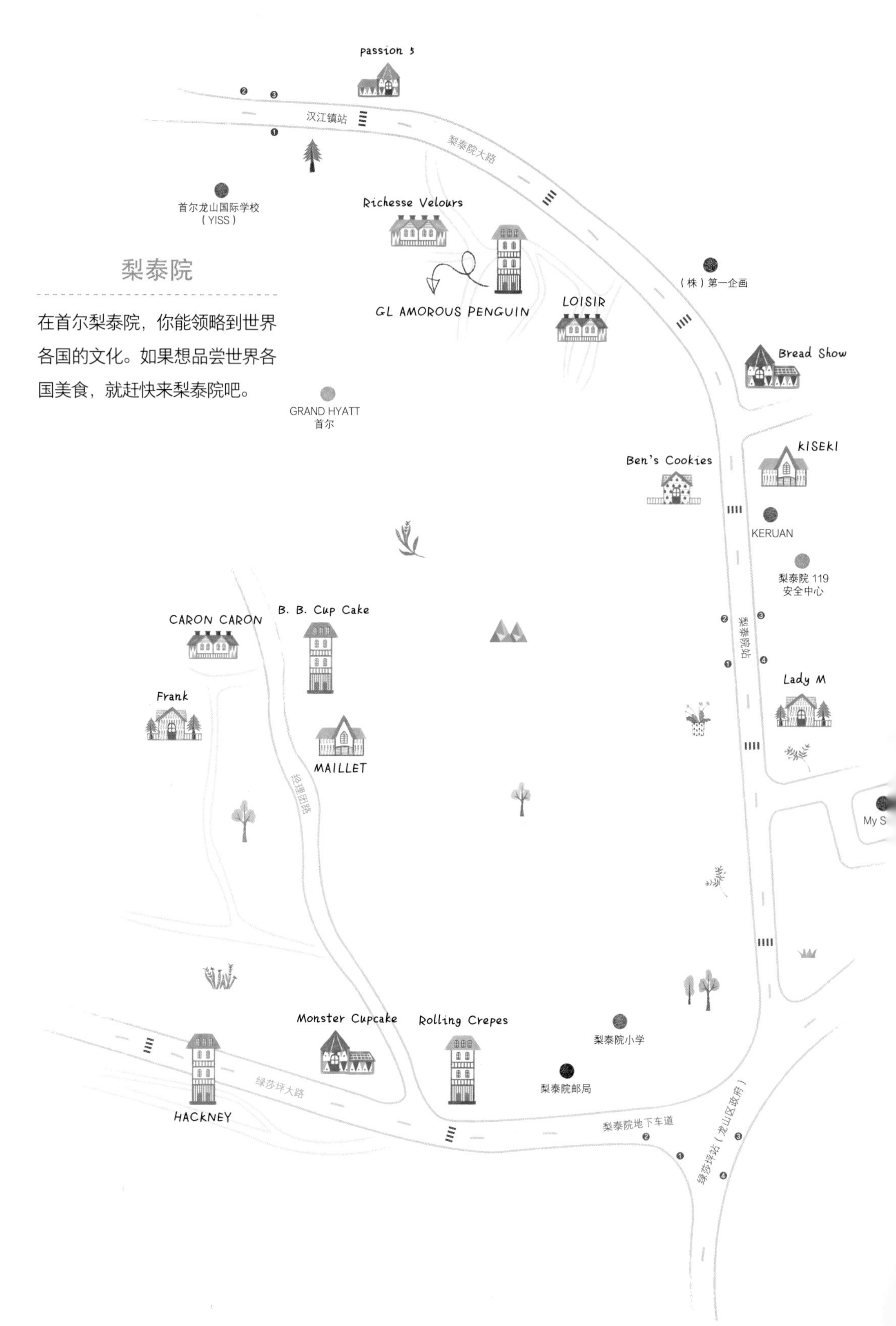

第四章

梨泰院

蓝莓慕斯蛋糕

香蕉布丁

彩虹蛋糕卷

巧克力挞

胡萝卜蛋糕

草莓蛋糕卷

香草焦糖布丁

草莓三明治

柠檬蛋糕

奥利奥杯子蛋糕

派蛋糕

红茶曲奇

巧克力饼干

白巧克力夏威夷果饼干

牛奶酱

榛子酱蛋糕

蒙布朗

蓝莓慕斯蛋糕

慕斯周围的饼干要比直径 13cm 的模具更高一些才能装下更多的慕斯。如果使用直径 15cm 的蛋糕模，可以根据模具的高度制作饼干。可以将奶油奶酪和马斯卡彭奶酪混合代替无糖酸奶作为慕斯的原料，味道也非常甜美。

材料 〔直径 13cm 的迷你慕斯 1 个〕

新鲜蓝莓…………………… 适量
糖粉……………………… 少许

蓝莓酱

蓝莓……………………… 300g
非精制黄砂糖………… 30~40g
柠檬汁……………………… 15g

饼干

蛋白………………………… 2 个
蛋黄………………………… 2 个
白砂糖……………………… 60g
低筋面粉…………………… 62g
糖粉……………………… 少许

蓝莓酸奶慕斯

鲜奶油…………………… 100g
无糖酸奶………………… 100g
吉利丁片…………………… 3.5g
非精制黄砂糖……………… 23g

渍蓝莓

蓝莓………………………… 40g
非精制黄砂糖……………… 5g
蓝莓利口酒………………… 10g

●**工具**

搅拌碗，硅胶铲，手持打蛋器，刀，烤盘，油纸，慕斯模，小锅，刷子，圆形裱花嘴，裱花袋，面粉筛，瓶子，不锈钢小方盒

制作方法

1 **制作蓝莓酱**。在蓝莓中倒入非精制黄砂糖和柠檬汁，搅拌均匀，静置片刻，待黄砂糖完全化开后开中火，慢慢熬煮 10~15 分钟，一边熬煮一边搅拌。

2 熬煮好后用手持打蛋器再搅拌一下，倒入消过毒的玻璃瓶中。慕斯用蓝莓酱仅需 100g，剩下的蓝莓酱倒入玻璃瓶中保存。

3 将 100g 蓝莓酱留在小锅中，备用。

4 **制作饼干**。将蛋白倒入搅拌碗中，稍微打发。白砂糖分 3 或 4 次加入，每次加入后都要继续打发，直至提起打蛋器时，蛋白霜表面有小角立起。

5 将蛋黄打散后倒入打发的蛋白霜中，用硅胶铲搅拌 3 或 4 次。将过筛两次的低筋面粉倒入搅拌碗中，用硅胶铲快速搅拌均匀。将面糊倒入装有 8mm 或 1cm 圆形裱花嘴的裱花袋中。

6 在烤盘上挤出并列的面糊条，面糊条的长度须比模具略高，再挤出两个比慕斯模具直径稍微小一点的螺旋形蛋糕，最后将剩余的面糊随手挤成心形或圆锥形，做装饰用。将糖粉筛在挤出的面糊表面，筛两遍即可。

7 将烤盘放入预热至 180℃的烤箱中，烘烤 10~12 分钟。冷却后，将长方形饼干边缘处切整齐，将螺旋形蛋糕底切得比模具稍微小一点。

8 将螺旋形蛋糕底放在模具底部，将长方形饼干贴在模具内壁绕一圈。

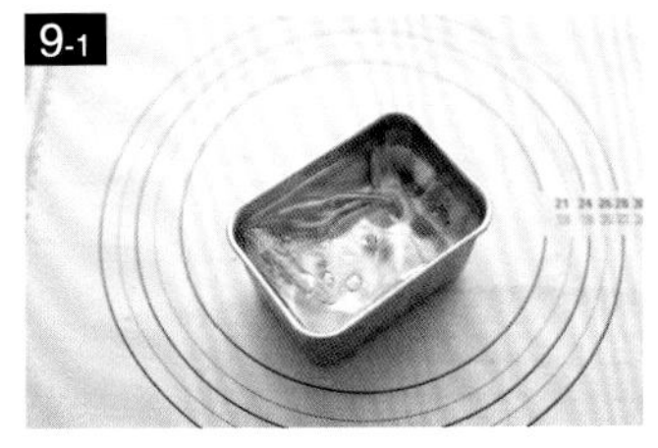

9-1 **制作渍蓝莓**。将吉利丁片放入冰水中泡 10 分钟。

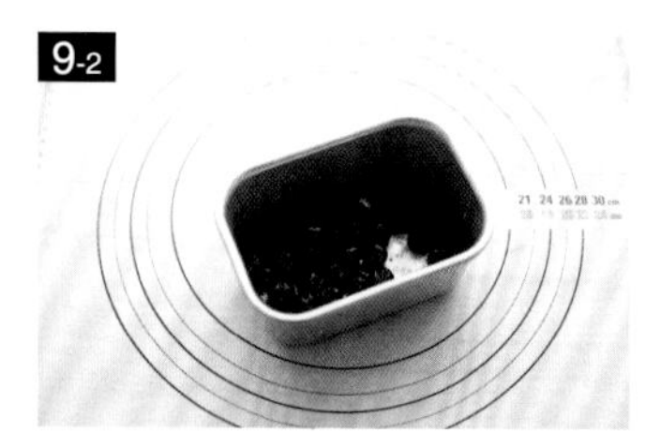

将蓝莓、非精制黄砂糖、蓝莓利口酒混合，稍微腌制一下。

制作蓝莓酸奶慕斯。将鲜奶油放在搅拌碗中冰镇，打发至表面有明显纹路后放入冰箱冷藏备用。不要过度打发鲜奶油，否则难以与其他材料混合。

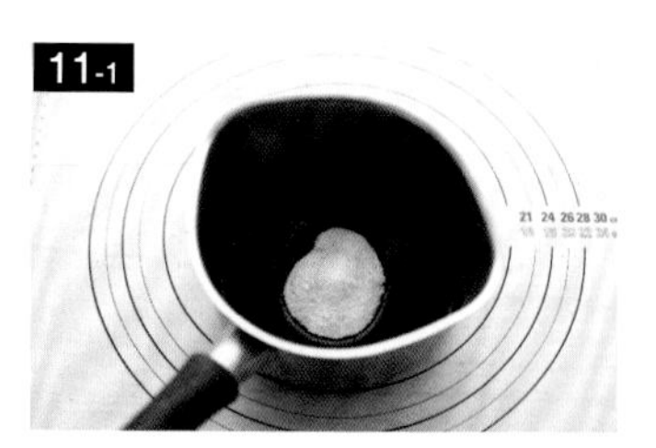

将非精制黄砂糖倒入装有 100g 蓝莓酱的小锅中，混合均匀，用中火或小火稍微熬煮一下。

蓝莓酱熬煮完成后关火，将吉利丁片挤干水分，放入小锅中，搅拌均匀。

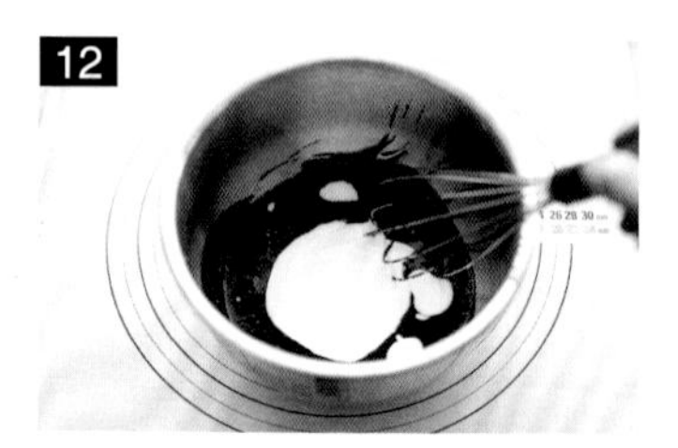

蓝莓酱冷却后，加入无糖酸奶，搅拌均匀。

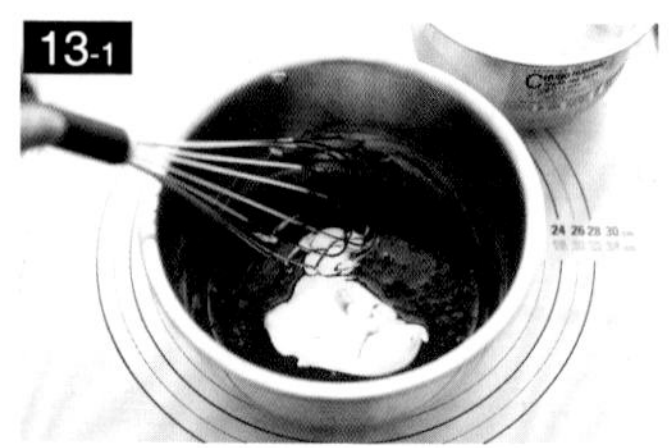

将打发好的鲜奶油从冰箱中取出，稍微打发一下后取 1/3 放入搅拌碗中，搅拌均匀。

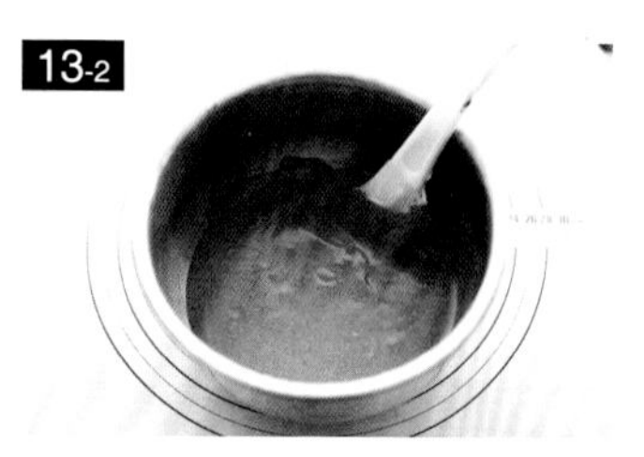

然后将剩余奶油全部倒入搅拌碗中，搅拌均匀，蓝莓酸奶慕斯就完成了。

拿出准备好的渍蓝莓和蓝莓酱。

在 2 个螺旋形蛋糕底上涂抹蓝莓酱，将一块蛋糕底放入模具中。

将一半蓝莓酸奶慕斯倒入模具中，放上渍蓝莓，再放上另一块蛋糕底，然后倒入剩余的蓝莓酸奶慕斯，上面放上渍蓝莓。放入冰箱中冷藏 2~3 小时。

17

在装饰用的心形饼干中夹上剩余的慕斯。将慕斯蛋糕从冰箱中取出，脱模，在表面摆上装饰用的慕斯饼干，再在表面筛上糖粉就可以了。

香蕉布丁

布丁中有蛋奶糊，即便放在冰箱中，也非常容易变质，因此需要尽快食用。

材料 〔直径 7cm × 高 9.5cm 的圆形塑料杯子 3 个〕

鲜奶油…………………… 200g
白砂糖…………………… 18g
香蕉……………………3 根

直径 3.5cm 的饼干 43 个

黄油…………………… 70g
白砂糖…………………… 60g
盐…………………… 少许
蛋液……………………1 个
蛋黄……………………1 个
香草豆荚…………………… 少许
低筋面粉…………………… 100g
杏仁粉…………………… 20g
糖粉…………………… 20g

蛋奶糊

牛奶…………………… 250g
香草豆荚…………………… 1/2 根
蛋黄…………………… 40g
白砂糖…………………… 60g
玉米淀粉…………………… 20g

●工具

手持打蛋器，搅拌碗，面粉筛，硅胶铲，裱花袋，烤盘，圆形塑料杯子，圆形裱花嘴，烤盘，油纸，刀

制作方法

1

制作饼干。可以使用市售饼干，也可以使用自制饼干。可根据想做的饼干数量来调整材料分量。在搅拌碗中放入软化好的黄油、白砂糖、盐，搅拌均匀。

2

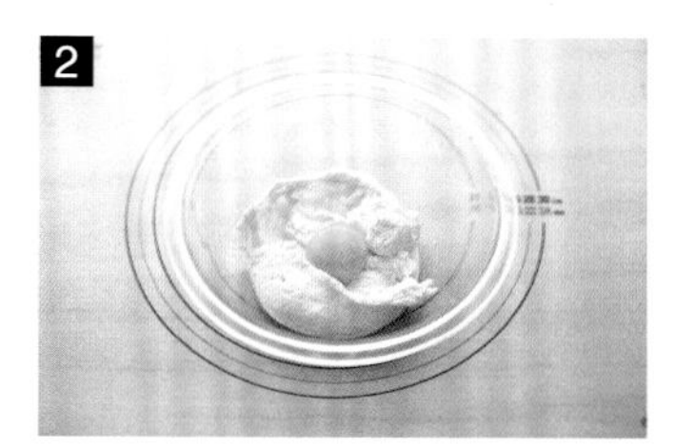

将蛋黄和蛋液倒入搅拌碗中，搅拌均匀。加入少许香草籽，搅拌均匀。将低筋面粉、杏仁粉、糖粉筛入搅拌碗中，搅拌均匀。

3

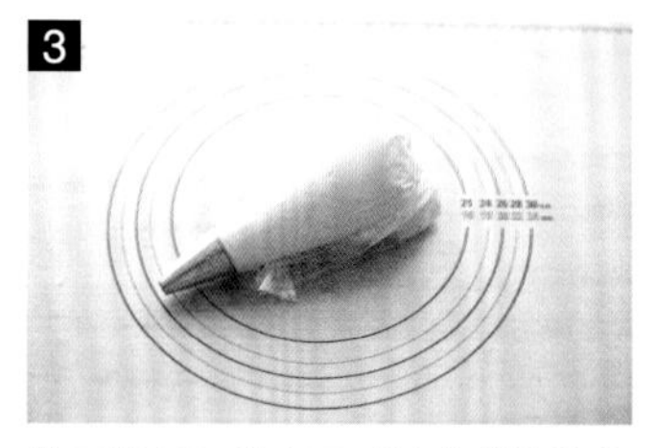

将面糊倒入装有圆形裱花嘴的裱花袋中。

4

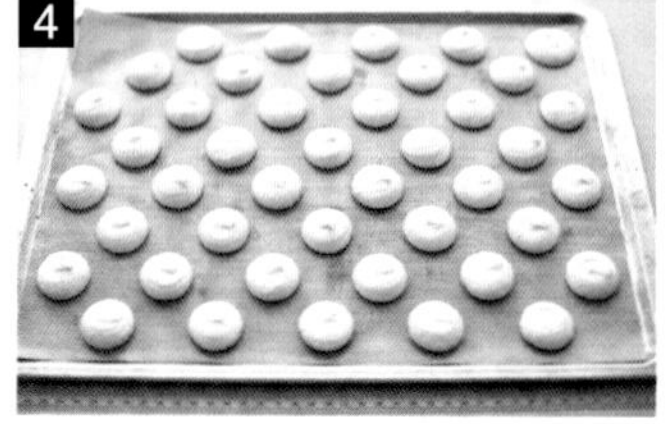

在烤盘上挤出直径 3.5cm 圆形面糊，每份面糊之间要留出一定间隙。放入预热至 170℃的烤箱中烘烤 15~20 分钟。烤好后放在晾网上冷却。

5

制作蛋奶糊。将牛奶和香草籽稍微煮一下。

6

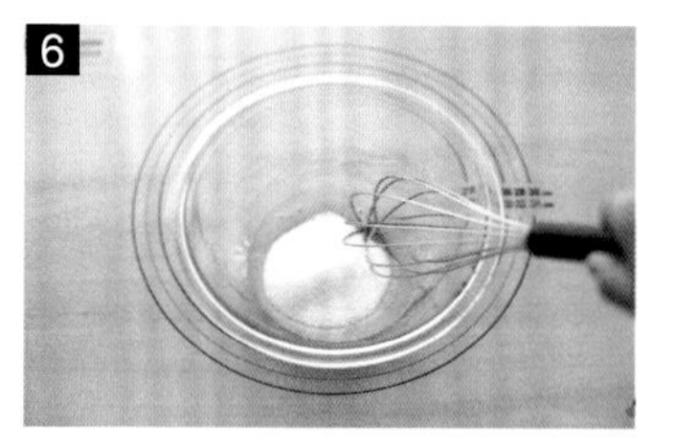

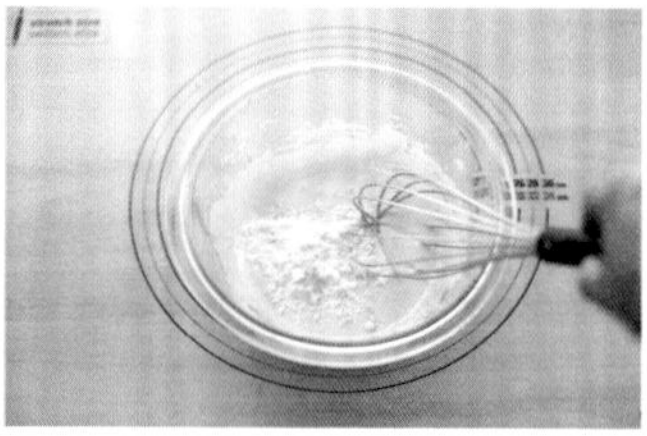

在搅拌碗中倒入蛋黄、白砂糖，搅拌均匀后加入玉米淀粉，搅拌均匀。

7

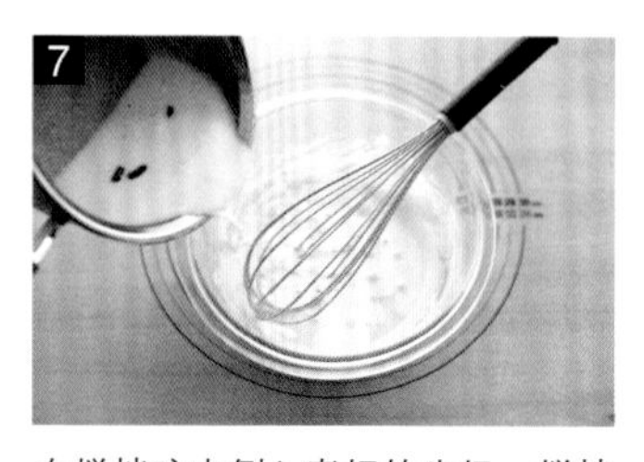

在搅拌碗中倒入煮好的牛奶，搅拌均匀。

8

将混合好的面糊筛入小锅中。

9-1

用中火熬煮并不断搅拌。

出现较大气泡时关火。

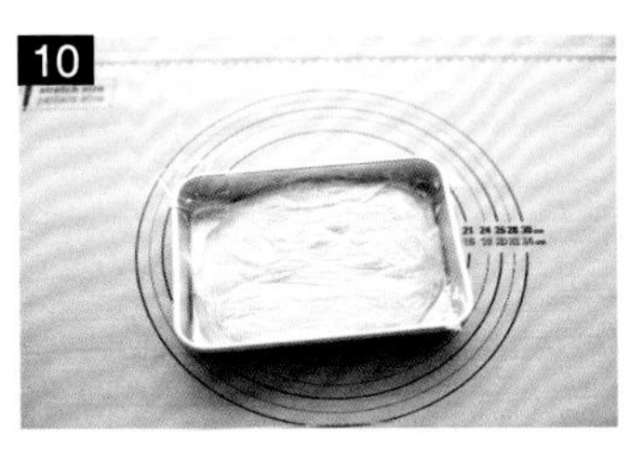

将蛋奶糊摊在不锈钢盘中，用保鲜膜盖好，放入冰箱冷却后备用。

在冰镇鲜奶油中放入白砂糖，用打蛋器打发至奶油表面出现清晰纹路。

将冷却的蛋奶糊倒入搅拌碗中，搅拌均匀，将打发的鲜奶油分 2 或 3 次加入蛋奶糊中，搅拌均匀。将做好的香草奶油倒入装有圆形裱花嘴的裱花袋中。

一杯布丁大约需要使用 1 根香蕉。将香蕉切成薄片。

往杯子里挤入一点奶油，放上 2 片饼干，再放上 3~4 片香蕉切片。

再按照奶油、饼干、香蕉片的顺序放置，直至填满杯子。

最后在表面挤上奶油，用刮刀将表面刮平。盖上盖子放入冰箱中冷藏片刻后食用，味道会更好。

彩虹蛋糕卷

将面包刀过热水后擦干再切蛋糕卷，切片会更完美。

材料 〔30cm × 30cm 蛋糕片 1 个〕

蛋糕

蛋黄…………………………5 个
白砂糖 A…………………… 30g
蜂蜜………………………… 10g
鲜奶油……………………… 15g
蛋白…………………………4 个
白砂糖 B…………………… 80g
低筋面粉…………………… 90g
食用色素（黄、红、绿、紫、蓝）
………………………… 少许

奶油

鲜奶油…………………… 200g
红茶粉………………………… 1g
白砂糖……………………… 15g

●工具

搅拌碗，手持打蛋器，硅胶铲，刮刀，面粉筛，油纸，直径 1cm 圆形裱花嘴，裱花袋，方形烤盘，棉棒

制作方法

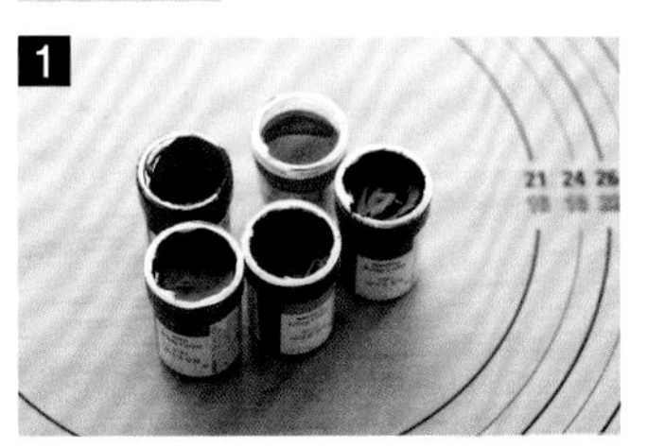

准备好 5 种颜色的色素，橙色可以用黄色和红色色素调制出来。

将油纸铺在方形烤盘上。

提前调制出橙色色素备用。将裱花嘴装入裱花袋中，裱花袋套在纸杯中备用。

将低筋面粉过筛后分成 6 份，每份 15g。

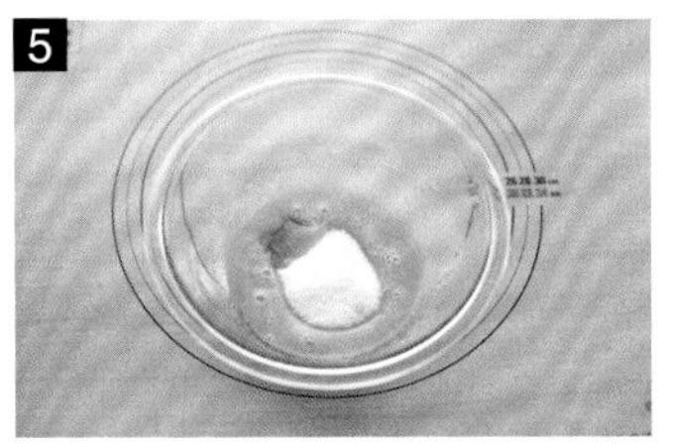

制作蛋糕。将蛋黄倒入搅拌碗中，打散后倒入白砂糖 A 和蜂蜜，搅拌均匀。当搅拌至有泡沫出现、颜色变白时，加入鲜奶油，搅拌均匀，在表面盖上保鲜膜。

另取一碗，倒入蛋白，打发至出现泡沫后倒入 1/2 白砂糖 B，搅拌均匀，将剩余的白砂糖分 2 次倒入，每次加入后都要继续打发，直至提起打蛋器时蛋白霜表面有尖角立起。

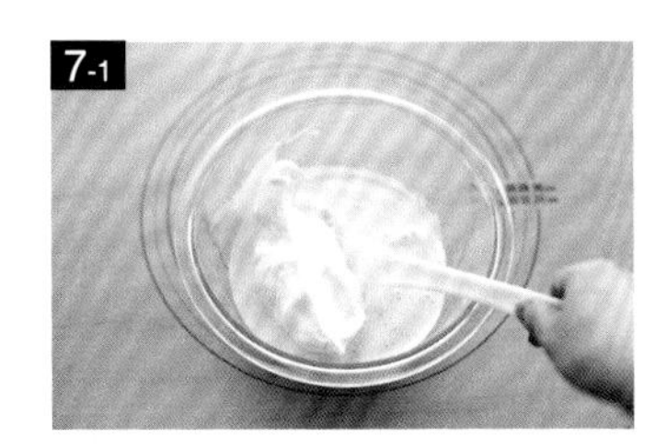

将打发的蛋白霜分 3 次加入蛋奶糊中，搅拌均匀。

将蛋奶糊分成 6 份，分别舀入步骤 4 的 6 个搅拌碗中，每一份蛋奶糊 56~58g。

用棉棒蘸取色素，分别调入每个搅拌碗中，蘸取少量色素即可。

用硅胶铲将面糊搅拌至均匀顺滑。

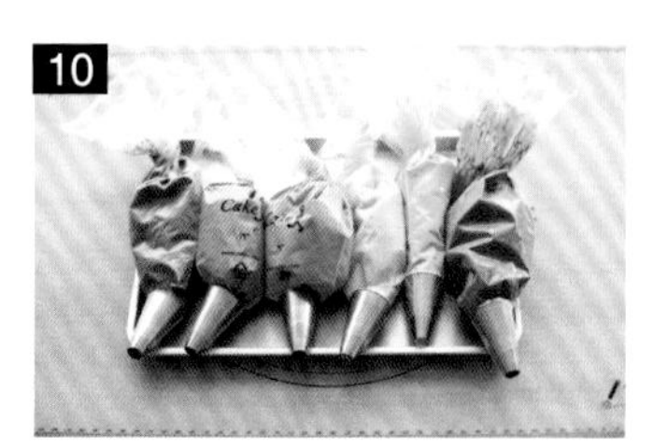

将着色后的面糊分别倒入装有圆形裱花嘴的裱花袋中。

在铺好油纸的烤盘上，沿着对角线挤出面糊条，再挤出与之并列的面糊条，每种颜色挤 2~3 条。放入预热至 170℃的烤箱中烘烤 8~10 分钟。

制作奶油。往冰镇的鲜奶油内倒入白砂糖，搅拌均匀。

倒入红茶粉，搅拌均匀，用打蛋器打发至奶油表面出现明显纹路。

待烤好的蛋糕片冷却后，用刮刀涂抹上奶油。

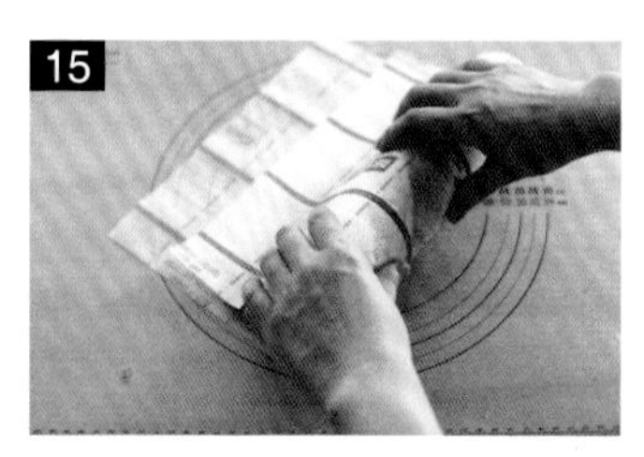

按压油纸将蛋糕片卷起，放入冰箱中冷藏 30 分钟。

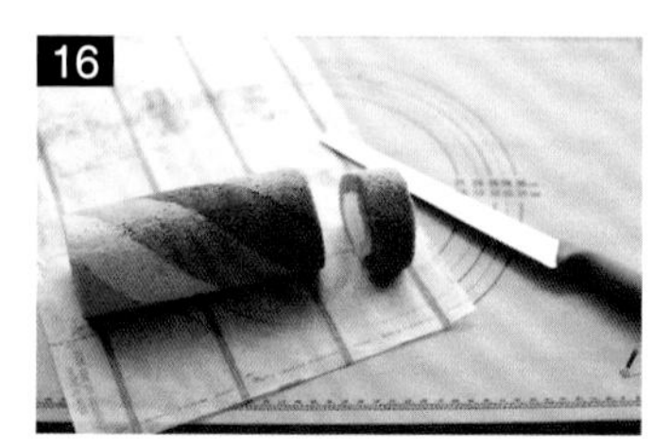

取出后，用面包刀切成小块即可。

巧克力挞

在倒入巧克力奶糊之前可以先在蛋挞上涂一层焦糖浆，这样就做成了焦糖巧克力挞。也可以根据自己的喜好来添加各种材料。

材料〔直径 7cm 的蛋挞 12 个〕

水果酱…………………… 少许

挞皮

黄油…………………… 80g
糖粉…………………… 40g
盐…………………… 少许
蛋液…………………… 28g
低筋面粉…………………… 130g
杏仁粉…………………… 20g
香草籽…………………… 少许

防粘用低筋面粉………… 少许

巧克力酱

黑巧克力…………………… 100g
牛奶巧克力…………………… 100g
鲜奶油…………………… 100g
蜂蜜…………………… 15g
黄油…………………… 20g

●**工具**

搅拌碗，打蛋器，面粉筛，小锅，硅胶铲，刮板，裱花袋，直径 7cm 的蛋挞模，油纸，保鲜膜，圆形饼干切模

制作方法

1

制作挞皮。将低筋面粉、杏仁粉、糖粉、盐、香草籽筛入搅拌碗中，放入切碎的黄油，用刮板将黄油与面粉混合。

2

用手将黄油与面粉揉捏混合，倒入蛋液，用刮板将其与粉类混合物搅拌均匀。

3-1

将面团移到案板上，用手掌向同一方向揉搓 3 次后，用刮板将面团聚到一起，揉捏成面团。

3-2

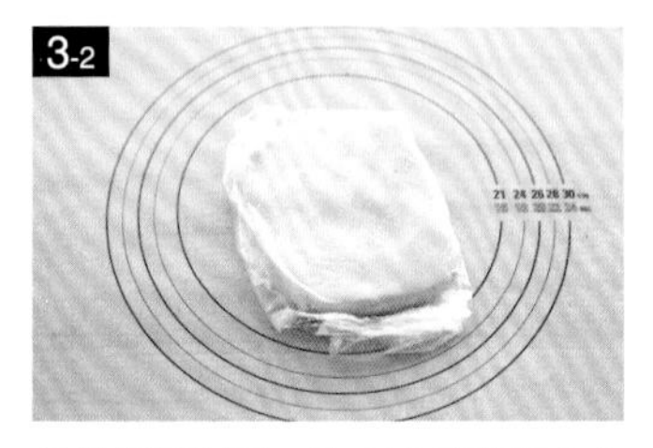

用保鲜膜包好，放入冰箱冷藏 1 个小时。

4

在案板上撒上少许低筋面粉，取出面团，擀成约 2mm 厚的面片，用直径约 10cm 的圆形饼干切模压出圆形饼片。

5

将压出的面片按压在模具内，用叉子在底部扎出几排小孔，放入冰箱中冷藏一会儿。

6

在模具内垫上油纸，在里面放入重石，放入预热至 180℃的烤箱内烘烤 20 分钟。

7

取出模具，拿掉油纸和重石，再次放入烤箱烘烤 10 分钟。冷却后，在挞皮内涂抹上自己喜欢的水果酱。如果不喜欢水果酱，可以放上一片薄薄的巧克力蛋糕切片。

8

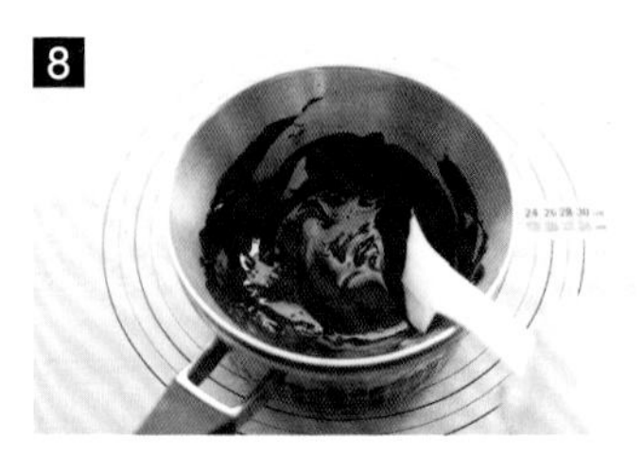

制作巧克力酱。在小锅中放入鲜奶油和蜂蜜稍微熬煮一下，在搅拌碗中放入黑巧克力和牛奶巧克力，隔水化开。

9

将熬好的蜂蜜奶油倒入化开的巧克力中，一边倒一边搅拌。再放入软化的黄油，搅拌均匀。可以将巧克力酱装入裱花袋后挤入挞皮中，也可以直接倒入挞皮中。

10

将巧克力酱倒入挞皮中，抹平表面，放入冰箱冷藏 30 分钟，最后在上面放上可食用金箔做装饰。

胡萝卜蛋糕

香味过重的橄榄油不宜用来做蛋糕，葡萄籽油可以用其他食用油或植物油来代替。

材料 〔直径 13~15cm 圆形蛋糕 1 个〕

蛋糕

鸡蛋……2 个
黄砂糖……90g
盐……少许
葡萄籽油……55g
低筋面粉……120g
杏仁粉……20g
泡打粉……3g
小苏打……1g
肉桂粉……1g
胡萝卜……120g
核桃碎……40g

奶油

奶油奶酪……100g
鲜奶油……50g
糖粉……15g
柠檬汁……少许

●工具

搅拌碗，手持打蛋器，硅胶铲，刮刀，油纸，圆形蛋糕模，烤盘，烘焙转盘

制作方法

将核桃碎放入 180℃的烤箱中烘烤 5~7 分钟。

将胡萝卜切成胡萝卜丝。

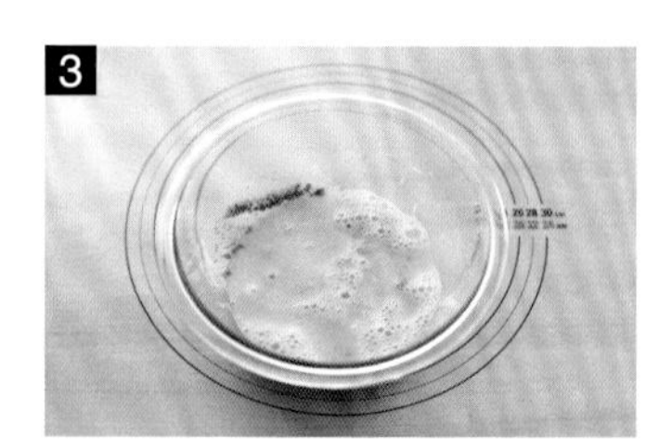

在搅拌碗中打入鸡蛋，打散后加入黄砂糖，搅拌均匀。

将葡萄籽油倒入搅拌碗中，搅拌均匀，将低筋面粉、泡打粉、小苏打、肉桂粉、杏仁粉筛入搅拌碗中，搅拌均匀。

将胡萝卜丝倒入搅拌碗中，搅拌均匀。

将核桃碎倒入搅拌碗中，搅拌均匀。

将油纸垫在圆形蛋糕模中，将面糊倒入模具中，放入预热至 160~170℃的烤箱中烘烤 35~40 分钟。

蛋糕烤好后直接脱模，放在晾网上冷却，切除表面凸出部分后，将蛋糕横向切成 3 等份。

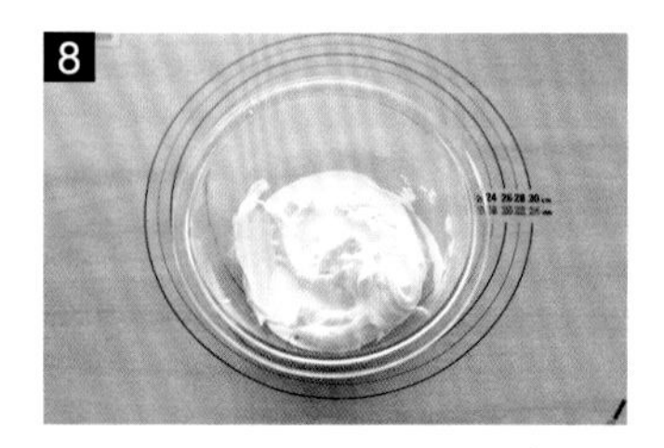

在搅拌碗中放入奶油奶酪，用打蛋器打散后，加入糖粉和柠檬汁（可不加），搅拌均匀。倒入鲜奶油，搅拌均匀。

用刮刀将奶油均匀地涂抹在每一片蛋糕切片上，再将蛋糕切片叠放在一起即可。

草莓蛋糕卷

挤并列的面糊条时，面糊条之间不要留有空隙，否则烤出的蛋糕片会比需要的薄。使用直径小的圆形裱花嘴挤面糊，制作出的蛋糕片较薄。使用直径大的圆形裱花嘴挤面糊条，制作出的蛋糕片较厚。

材料 〔30cm × 25cm 蛋糕片 1 个，或 30cm × 30cm 蛋糕片 1 个〕

草莓……………………………1 盒

蛋糕片

蛋黄……………………………3 个

白砂糖 A……………………… 30g

蛋白……………………………3 个

白砂糖 B……………………… 60g

低筋面粉……………………… 85g

玉米淀粉……………………… 5g

糖粉………………………… 少许

奶油

鲜奶油…………………… 300g

白砂糖……………………… 22g

香草籽…………………… 少许

糖浆

白砂糖 C…………………… 25g

水…………………………… 50g

草莓利口酒…1 小匙（可不加）

●工具

搅拌碗，硅胶铲，手持打蛋器，面粉筛，油纸，烤盘，圆形裱花嘴，裱花袋，刮刀，刀，小锅

制作方法

1

将草莓洗净后去蒂，擦干，留 3 个不去蒂草莓备用。将白砂糖 C 和水倒入小锅中混合，稍微煮一下，冷却后，倒入草莓利口酒，搅拌均匀，糖浆就做好了。

2

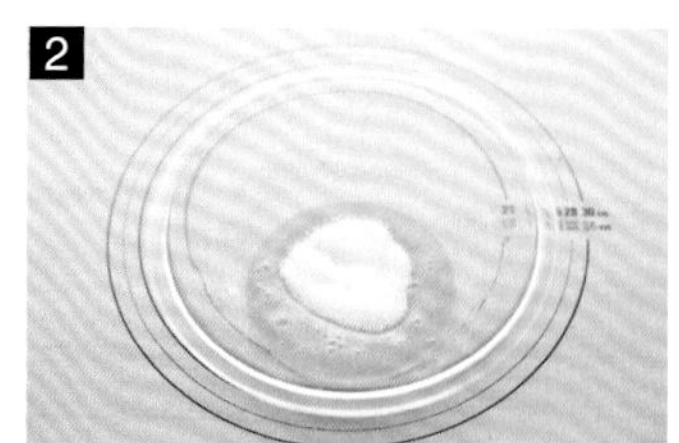

制作蛋糕片。分离 3 个鸡蛋的蛋白、蛋黄，将蛋黄倒入搅拌碗中，打散后倒入白砂糖 A，搅拌均匀。

3

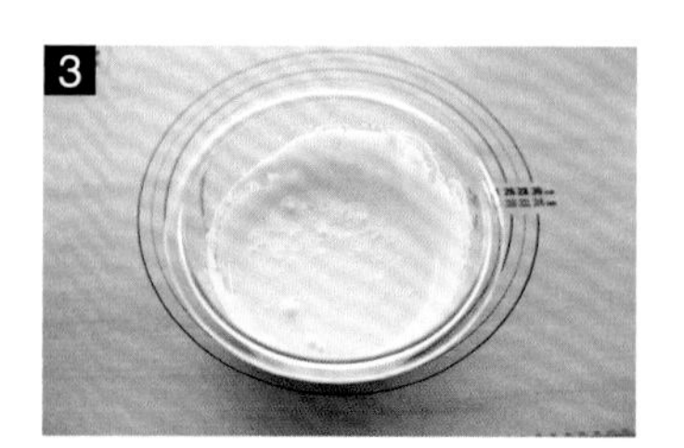

用保鲜膜将搅拌碗包好，防止蛋黄水分流失。

4

将蛋白稍微打发后，一点点倒入白砂糖 B，继续打发至提起打蛋器时表面有小角立起。

5

将蛋白霜分 3 次舀入蛋黄中，每次都要搅拌均匀，将低筋面粉、玉米淀粉筛入搅拌碗中，搅拌均匀。

6

将面糊倒入装有直径 8mm 或 1cm 圆形裱花嘴的裱花袋中，沿着提前折好的对角线挤出面糊条，再挤出与之并列的面糊条，挤满蛋糕盘。糖粉分两遍筛在面糊条上。

7

放入预热至 180℃的烤箱中烘烤 10~12 分钟。烤好的蛋糕片脱模后放在晾网上冷却。

8

制作奶油。往冰镇的鲜奶油中倒入白砂糖和香草籽，用打蛋器打发至奶油表面出现明显纹路。

9

将蛋糕片冷却后放在油纸上，用刷子涂抹上糖浆，用刮刀将奶油涂抹在蛋糕片上，再在上面摆好草莓。

10

按压油纸将蛋糕片卷起。可以用刮刀将剩余的奶油涂抹在蛋糕卷的两头。用油纸包好，放入冰箱中冷藏 30 分钟。

11

取出后，将剩余的鲜奶油装入裱花袋中，在蛋糕卷上挤出一点奶油，然后再摆上带蒂的草莓做装饰就可以了。

香草焦糖布丁

可以加入奶油奶酪，做成奶酪布丁，也可以加入一点咖啡，做成咖啡布丁。

材料〔80mL 的布丁瓶 4 个〕

焦糖糖浆

白砂糖……………………… 50g

热水………………………… 50g

布丁

蛋黄…………………………2 个

白砂糖……………………… 30g

牛奶……………………… 250g

鲜奶油……………………… 30g

吉利丁片……………………… 4g

香草豆荚………………… 1/4 根

●工具

小锅，硅胶铲，打蛋器，面粉筛，刀，布丁瓶

制作方法

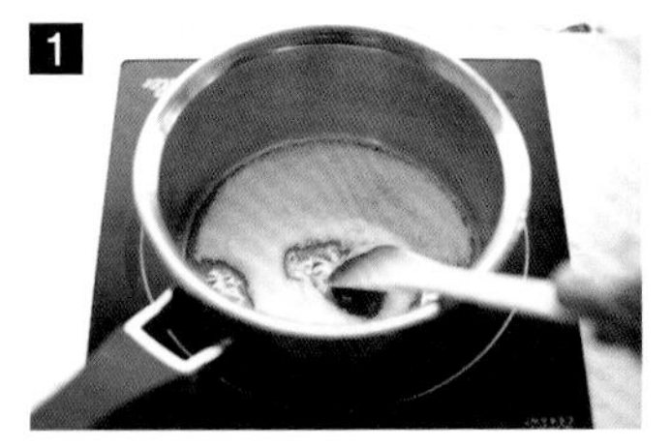

制作焦糖糖浆。在小锅中倒入白砂糖，开中火熬煮至白砂糖熔化，待糖浆变色后，关火，慢慢倒入热水，快速搅拌均匀。

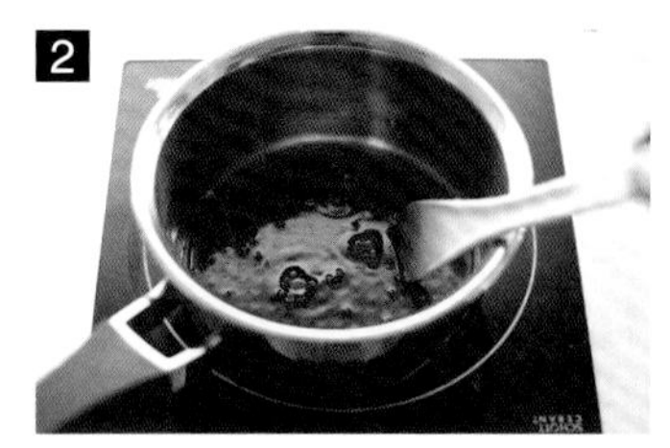

再次开中火，熬煮约 2 分钟后关火，倒入其他容器中冷却。

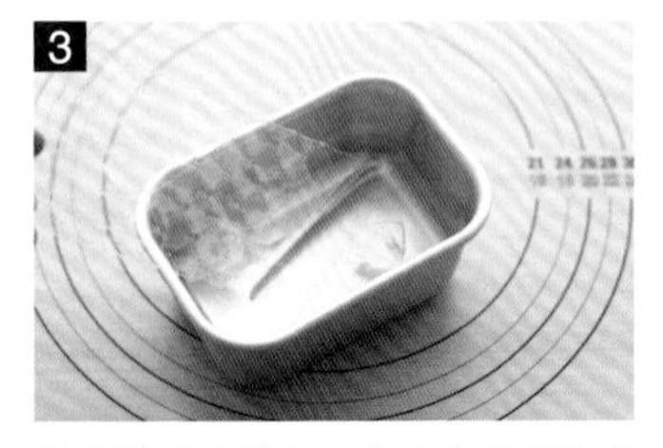

将吉利丁片放入冰水中充分浸泡 5 分钟以上。

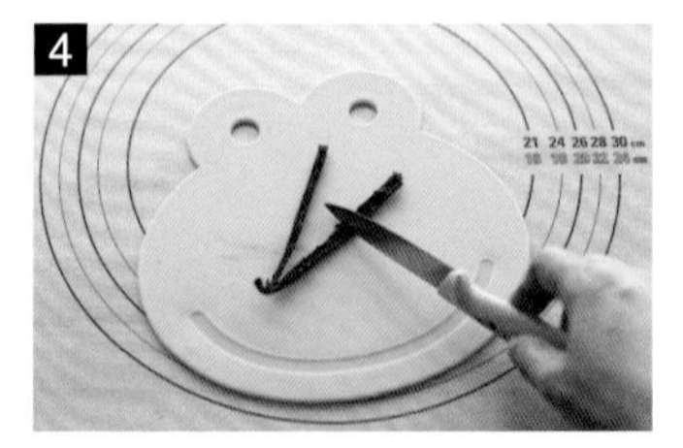

将香草豆荚对半切开，用刀刮出香草籽。

将牛奶、鲜奶油、香草籽倒入小锅中熬煮。

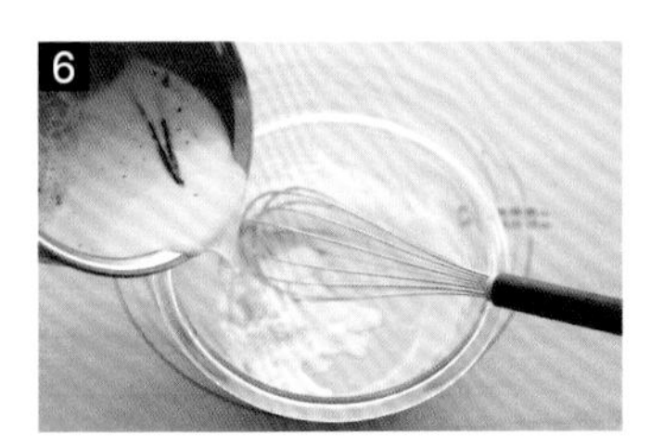

在搅拌碗中倒入蛋黄和白砂糖，搅拌均匀，然后将煮好的牛奶慢慢倒入搅拌碗中，搅拌均匀。

倒入小锅中，开小火煮一会儿。一边煮一边画“8”字。

搅拌至提起硅胶铲时，用手指在硅胶铲上抹一下能够留下明显痕迹，关火。

将吉利丁片挤干水分，放入布丁液中，搅拌均匀。

将布丁液筛入搅拌碗中。冰镇，使布丁液冷却。

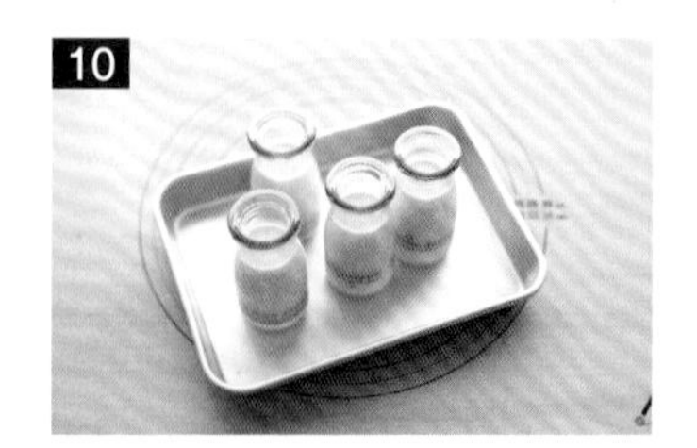

将冷却的布丁液倒入布丁瓶中，放入冰箱中冷藏 2~3 小时。食用前，倒上少量做好的焦糖糖浆即可。

草莓三明治

搅拌鲜奶油时，须将鲜奶油冰镇，保持奶油的稳定性。
也可以使用猕猴桃和哈密瓜等水果来代替草莓。

材料〔2人份〕

面包片……………………………4片
草莓…………………………… 12颗
鲜奶油…………………………… 200g
马斯卡彭奶酪……………… 40g
白砂糖…………………………… 20g
香草籽…………………………… 少许

●工具
搅拌碗，打蛋器，硅胶铲，刮刀，保鲜膜，烤盘

制作方法

将草莓洗干净后，去蒂，擦干。切掉面包片的四边。

将奶酪放入搅拌碗中，加入部分鲜奶油，搅拌均匀。

然后将剩余的鲜奶油倒入搅拌碗中，搅拌均匀后加入白砂糖和香草籽，打发至奶油表面有明显纹路即可。

用刮刀将奶油涂抹在两片面包表面。在其中一片面包上面摆上草莓，如果草莓比较小，就要多放一些。

4

盖上另一片面包，轻轻按压一下。如果奶油溢出，用刮刀刮掉就可以了。

用保鲜膜将草莓三明治包起来，放入冰箱中冷藏 30 分钟，用刀切成两半。

柠檬蛋糕

揉搓柠檬表面，再用清水洗净，可以有效去除柠檬表面的蜡。使用橘子代替柠檬，就可以制作出橘子蛋糕。

材料 〔直径 15cm 的蛋糕 1 个〕

黄油…………………………100g
白砂糖 A……………………60g
蜂蜜…………………………20g
盐……………………………少许
蛋黄…………………………4 个
蛋白…………………………35g
白砂糖 B……………………10g
鲜奶油………………………35g
柠檬皮………………………4g
香草籽………………………少许
柠檬汁………………………15g
柠檬利口酒…………………15g

低筋面粉……………………120g
玉米淀粉……………………10g
泡打粉………………………2g
黄油和低筋面粉……………少许
小苏打和粗盐………………少许

糖霜

糖粉…………………………100g
水……………………………15g
柠檬利口酒…………………15g

*如果没有柠檬利口酒和香草籽，可以省去不用。制作糖霜时可以用牛奶来代替利口酒。

●工具

搅拌碗，硅胶铲，打蛋器，刷子，面粉筛，蛋糕模，擦丝器，晾网

制作方法

1

制作柠檬皮丝。用小苏打或粗盐揉搓柠檬表面，再用清水洗净。用擦丝器擦取柠檬丝备用。用黄油涂抹蛋糕模具内壁，将蛋糕模放入冰箱中冷藏。

2

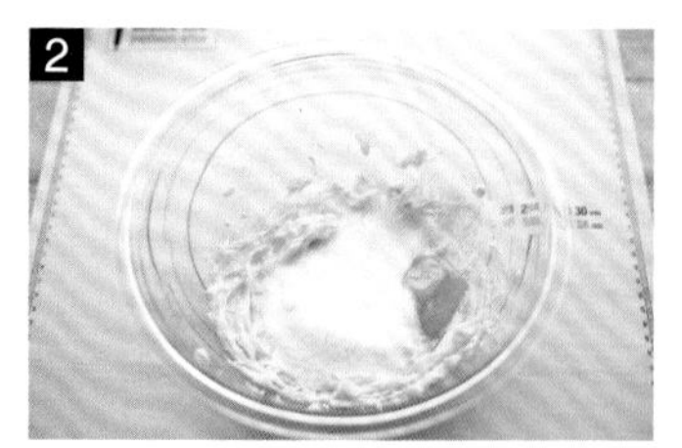

将软化的黄油放入搅拌碗中，稍微搅拌后放入白砂糖A、蜂蜜、盐，搅拌均匀。倒入1个蛋黄，搅拌均匀。

3

将柠檬皮丝和香草籽放入搅拌碗中，搅拌均匀。倒入鲜奶油，搅拌均匀。倒入柠檬汁和柠檬利口酒（可不加），搅拌均匀。

4

将低筋面粉、玉米淀粉、泡打粉筛入搅拌碗中，搅拌均匀。

5

将蛋白倒入搅拌碗中，打散，加入白砂糖B，打发。将蛋白霜分2次加入面糊中，搅拌均匀。

6

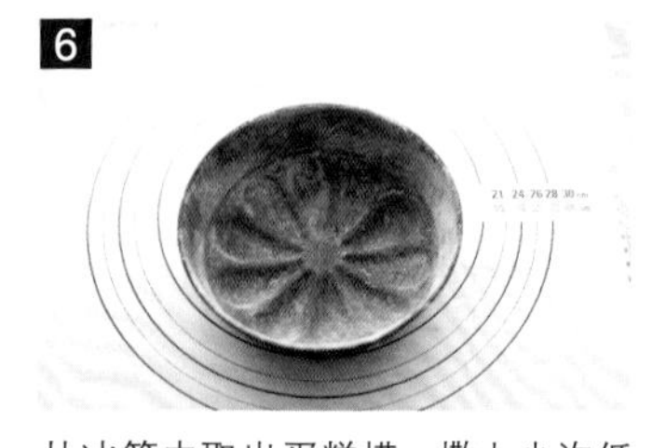

从冰箱中取出蛋糕模，撒上少许低筋面粉，并倒掉多余的面粉即可。

7

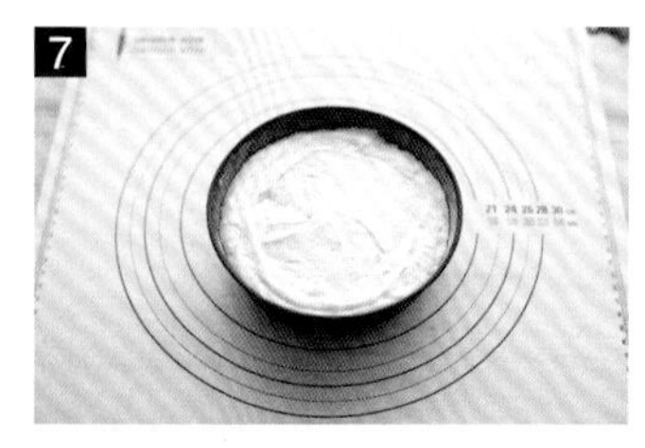

将面糊倒入模具中，放入预热至170℃的烤箱中烘烤30分钟。蛋糕烤好后脱模，放在晾网上冷却。

8

将制作糖霜的材料混合，搅拌均匀，制成糖霜。

9

将放有蛋糕的晾网放在烤盘上，在蛋糕表面涂抹上糖霜就可以了。可以放在室温下晾干，也可以放入尚有余热的烤箱中烘干。

奥利奥杯子蛋糕

可以将奥利奥饼干擀碎，放入糖霜中，做成奥利奥奶油糖霜。也可以不加糖霜，制作出的奥利奥玛芬蛋糕也很美味。

材料 〔6~7 个〕

玛芬蛋糕

黄油…… 80g
白砂糖…… 60g
蜂蜜…… 20g
盐…… 少许
香草籽…… 少许
蛋液……1 个
蛋黄……1 个
低筋面粉…… 120g
泡打粉……1 小匙（4g）
鲜奶油…… 60g
拿掉夹心的奥利奥饼干…… 20g
切碎的奥利奥饼干…… 30g

糖霜

奶油奶酪…… 150g
黄油…… 75g
糖粉…… 150g

装饰用

奥利奥……3~4 个

●工具

搅拌碗，打蛋器，擀面杖，硅胶铲，玛芬蛋糕模，油纸，面粉筛，刮刀，裱花袋，星型裱花嘴

制作方法

将用于制作奥利奥碎的奥利奥饼干中间的夹心奶油去掉，放入塑料袋中，碾碎。将另一部分奥利奥饼干用手掰成 4 块。

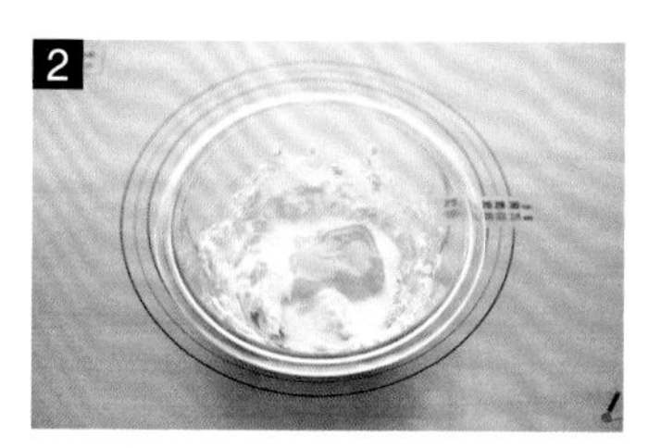

在搅拌碗中放入软化的黄油，稍微搅拌后放入白砂糖、蜂蜜、盐，搅拌均匀。

将 1 个鸡蛋的蛋液和 1 个蛋黄混合打散后倒入搅拌碗中，一边倒一边搅拌。

放入鲜奶油，搅拌均匀。

将低筋面粉和泡打粉筛入搅拌碗中，倒入奥利奥碎，搅拌均匀。然后放入掰碎的奥利奥饼干，搅拌均匀。

在玛芬蛋糕模中垫上油纸，倒入面糊，放入预热至 170℃的烤箱中烘烤 25~30 分钟。

制作糖霜。将奶油奶酪提前放在室温下软化，放入搅拌碗中搅拌均匀后，放入软化的黄油，搅拌均匀。倒入糖粉，搅拌均匀。可以先用硅胶铲稍微搅拌，然后再用打蛋器搅拌均匀。

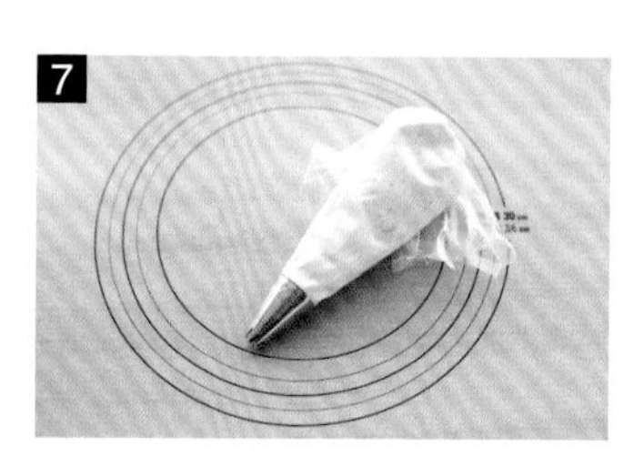

将做好的糖霜倒入装有星型裱花嘴的裱花袋中。

待蛋糕冷却后，在上面挤上糖霜。

将装饰用奥利奥饼干对半切开，插在糖霜上面，将剩下的奥利奥饼干碾碎，撒在蛋糕表面。

派蛋糕

派蛋糕可以从烤箱中拿出来后直接食用。派面团在烘烤过程中，外层会变脆，如果周围温度不够高，面团就很难烤发膨开。所以一定要在模具内放入黄油，再放入烤箱中预热。

材料 〔直径 8.5cm 的派蛋糕 2 个〕

鸡蛋……1 个
白砂糖……15g
牛奶……60g
低筋面粉……50g
黄油……10g（分成 2 份）
糖粉……少许
各种水果……适量
香草冰激凌……1~2 球
枫糖浆……少许

●工具

搅拌碗，打蛋器，冰激凌勺，面粉筛，模具，烤盘

制作方法

1

可以根据自己的喜好选择多种水果。将香蕉切片，葡萄柚或橘子去皮准备好。如果有草莓、蓝莓、葡萄之类的水果也可以切半备用。

2

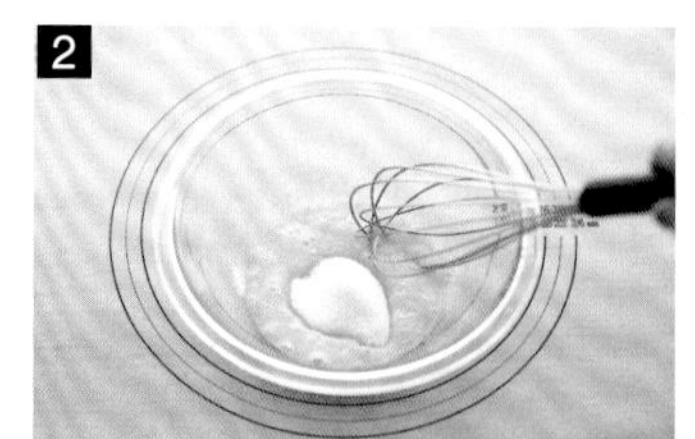

制作面糊。在搅拌碗中打入鸡蛋，打散后倒入白砂糖和牛奶，搅拌均匀。

3

将低筋面粉筛入搅拌碗中，用打蛋器搅拌均匀。

4

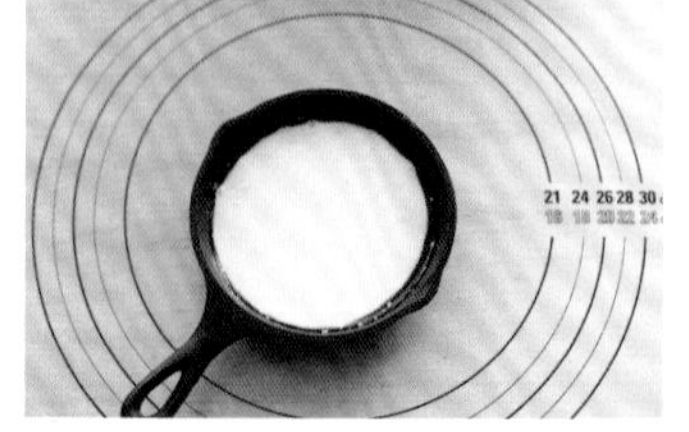

黄油分成 2 等份，其中 1 份放入烤盘中，将烤盘放入烤箱中，调到 190~200℃，烘烤 5~10 分钟，在预热烤箱的同时熔化黄油。将面糊分成 2 等份，其中 1 份倒入烤盘中，放入烤箱烘烤 10~15 分钟。按此操作制作另一份蛋糕。

5

烤好后，从烤箱中取出烤盘，在派蛋糕上筛上糖粉，舀上一勺冰激凌后放上各种水果。还可以淋上枫糖浆享用。

红茶曲奇

为了做出红茶色的曲奇，需要加入红茶粉。在面团中加入伯爵红茶粉，味道更好。将饼干做得小一些，可以当成礼物。

材料〔直径 4cm 的饼干 25~30 个〕

黄油…………………………100g
白砂糖…………………………50g
非精制黄砂糖…………………50g
盐…………………………少许
蛋液…………………………30g

低筋面粉……………………190g
红茶粉…………………………10g
白砂糖………………………少许
蛋白…………………………少许

●**工具**

搅拌碗，硅胶铲，打蛋器，刀，烤盘，油纸或保鲜膜，擀面杖

制作方法

1

在搅拌碗中放入软化的黄油，倒入非精制黄砂糖、白砂糖、盐，搅拌均匀。

2

将蛋液倒入搅拌碗中，搅拌均匀。将低筋面粉和红茶粉筛入搅拌碗中，搅拌均匀。

3

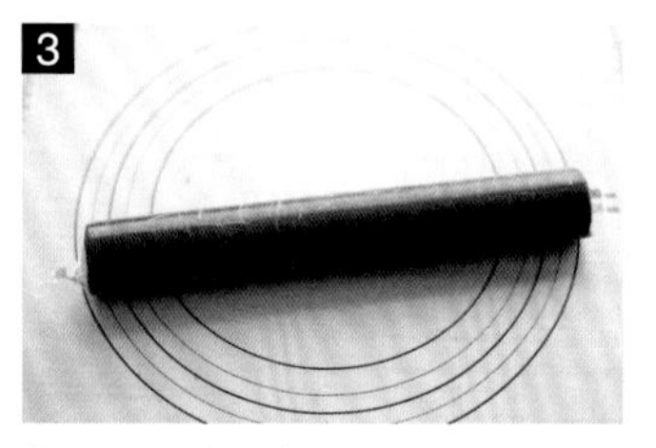

将面团用油纸或保鲜膜包起来，擀成直径 4cm 的棒状。放入冰箱冷冻 30 分钟至 1 小时。

4

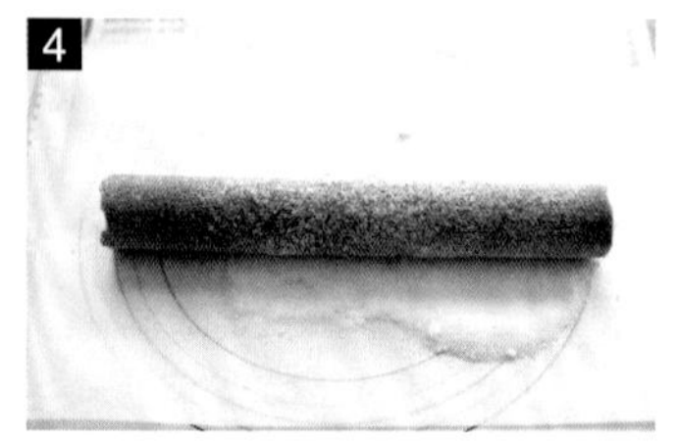

将面团从冰箱中取出，稍稍回温后裹上一层白砂糖。刷一层蛋清，用刀切成 7mm 厚的饼干坯。

5

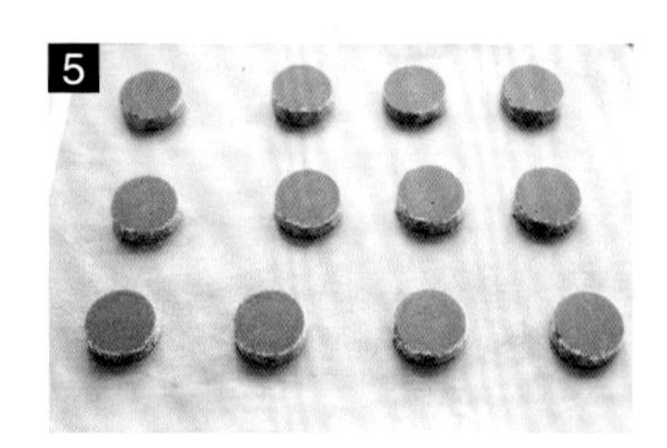

将饼干坯并列摆在烤盘上，中间留出间隙，烤箱预热至 180℃，放入烤盘后将烤箱温度调低至 170℃烘烤 15~20 分钟就可以了。

巧克力饼干

可以用葡萄干或其他干果替代覆盆子干，根据自己的喜好选择材料。

材料〔直径 11cm 的饼干 11~12 个〕

黄油……………………… 120g
红糖……………………… 40g
白砂糖…………………… 45g
黑巧克力………………… 50g
盐………………………0.5~1g
蛋液……………………… 52g
低筋面粉………………… 110g
高筋面粉………………… 80g

无糖可可粉……………… 8g
泡打粉………………1/4 小匙
小苏打………………1/4 小匙
巧克力碎………………… 30g
覆盆子干………………… 20g
巧克力碎（装饰用）……… 20g
覆盆子干（装饰用）……… 10g

●工具

搅拌碗，打蛋器，硅胶铲，直径 3cm 的冰激凌勺或圆形硅胶铲，烤盘

制作方法

将黑巧克力隔水加热化开后备用。黄油软化后，放入搅拌碗中，用打蛋器搅拌顺滑，放入红糖、白砂糖、盐，搅拌均匀。

将蛋液打散，分 2 或 3 次倒入搅拌碗中，搅拌均匀，将化开的黑巧克力倒入搅拌碗中，搅拌均匀。

将低筋面粉、高筋面粉、无糖可可粉、小苏打、泡打粉筛入搅拌碗中，用硅胶铲画“11”字切拌。

将面糊搅拌均匀后，倒入巧克力碎和覆盆子干，搅拌均匀。

用冰激凌勺舀出 11~12 个面团，放在烤盘上。

用手指将面团压扁后，在上面按上装饰用的巧克力碎和覆盆子干，放入预热至 170℃的烤箱中烘烤 15~18 分钟。

精美的包装

将单块巧克力饼干放入塑料袋中，用蜡纸封好。这样就包装完成了。

白巧克力夏威夷果饼干

将饼干坯放到烤盘上时，互相之间要留有空隙。按压后的饼干会更容易烤发膨开。

材料〔直径 11cm 饼干 11~12 个〕

黄油…………………… 120g
盐…………………… 1g
黄砂糖…………………… 45g
白砂糖…………………… 45g
蜂蜜…………………… 30g
蛋液…………………… 52g
香草籽…………………… 少许
低筋面粉…………………… 120g
高筋面粉…………………… 80g
泡打粉…………………… 1/4 小匙
小苏打…………………… 1/4 小匙
*放入面糊中的白巧克力碎和夏威夷果共 50g，放在饼干表面的白巧克力碎和夏威夷果共 30g。

●工具
搅拌碗，打蛋器，硅胶铲，直径 3cm 的勺子，烤盘

制作方法

将黄油放在室温下软化后放入搅拌碗中，搅拌顺滑后加入黄砂糖、白砂糖、蜂蜜、盐，搅拌均匀。

将蛋液打散后，分 2 或 3 次倒入面糊中，搅拌均匀。

将高筋面粉、低筋面粉、小苏打、泡打粉、香草籽筛入面糊中，硅胶铲画“11”字，切拌均匀。

将白巧克力和夏威夷果切碎后倒入面糊中，搅拌均匀。

用勺子挖出 11~12 个小面团，揉成球形摆在烤盘上。将面团压扁，在上面放上白巧克力碎和夏威夷果碎。放入预热至 170℃的烤箱中烘烤 15~18 分钟。

牛奶酱

可以用奶茶代替牛奶制作奶酱，在煮牛奶酱时，也可以加入一些伯爵红茶粉，制成红茶酱。加入其他材料，做出不同口味的牛奶酱。将牛奶酱放入冰箱中冷藏几天后食用，味道更好。

材料〔120mL 的玻璃瓶 2 个〕

牛奶酱

牛奶·························· 200g
鲜奶油························ 200g
白砂糖························ 120g
蜂蜜····························· 20g
香草籽········ 少许（可不加）

抹茶牛奶酱

牛奶·························· 200g
鲜奶油························ 200g
白砂糖························ 120g
蜂蜜····························· 20g
抹茶粉························ 4~5g

●工具

硅胶铲，小锅，玻璃瓶

制作方法

1

制作牛奶酱。将所有的材料放入小锅中，开中火，一边熬煮一边搅拌，防止煳锅。

2

用中火煮 25~30 分钟。

3

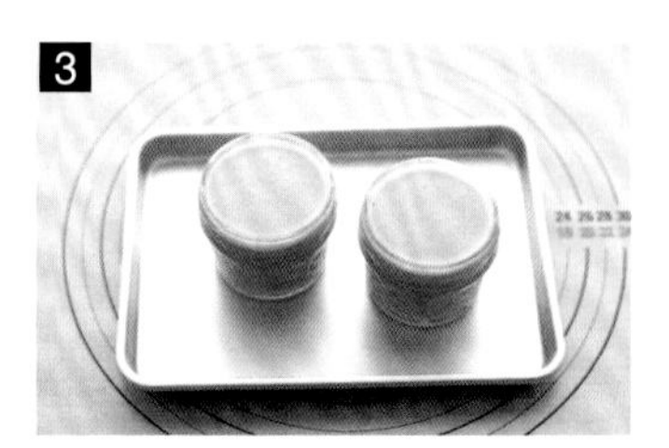

将熬制好的牛奶酱倒入消过毒的玻璃瓶。

4

盖上瓶盖，倒置冷却（真空密封状态）后放入冰箱中冷藏保存。

5

制作抹茶牛奶酱的操作步骤与牛奶酱相同，将所有材料放入小锅中，开中火，一边熬煮一边搅拌。

6

因为多加了抹茶粉，所以抹茶牛奶酱会比牛奶酱更加黏稠。只需开中火熬煮 20~25 分钟即可。

7

盖上瓶盖，倒置冷却后放入冰箱中保存。

榛子酱蛋糕

如果使用大型模具烘烤，要将烘烤时间延长 5~10 分钟。

材料 〔7cm × 3.5cm 榛子酱蛋糕 6 个〕

黄油……………………………… 80g
白砂糖…………………………… 70g
盐……………………………… 少许
蛋液………………………………2 个
香草籽………………………… 少许
低筋面粉……………………… 120g
泡打粉…………………………… 2g
榛子酱………………………… 100g
涂抹模具的黄油………… 少许

●工具
打蛋器，搅拌碗，面粉筛，硅胶铲，裱花袋，迷你蛋糕模，筷子

制作方法

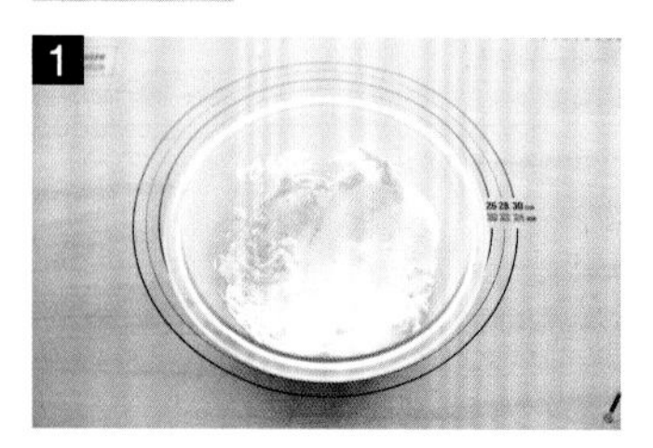

1 在蛋糕连模内壁上，涂抹上一层黄油。将软化的黄油放入搅拌碗中，搅拌后倒入白砂糖和盐，搅拌均匀。

2 将蛋液打散后慢慢倒入搅拌碗中，搅拌均匀。放入香草籽，搅拌均匀。

3 将低筋面粉、泡打粉筛入搅拌碗中，搅拌均匀。

4 将面糊分成 2 等份，分别放入 2 个搅拌碗中，在其中一个搅拌碗中倒入榛子酱，搅拌均匀。

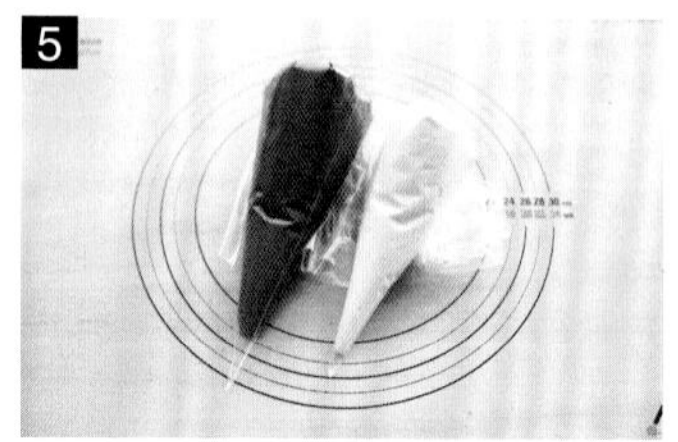

5 将 2 种面糊分别装入 2 个裱花袋中。

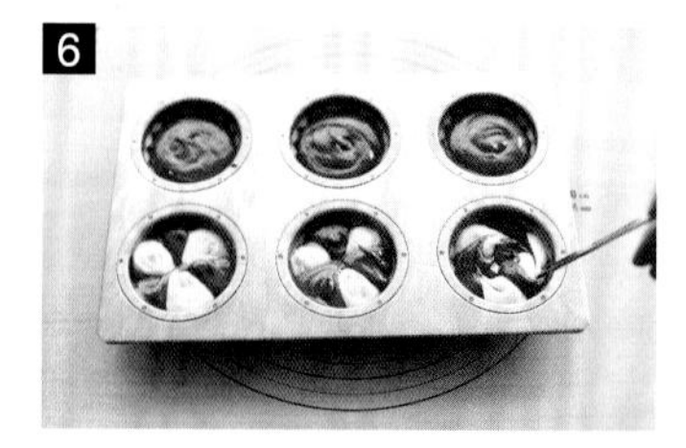

6 在其中 3 个蛋糕模中，挤上榛子酱面糊，另外 3 个蛋糕模中挤上 2 种面糊，稍微搅拌使面糊混合。放入预热至 170℃的烤箱中烘烤 20~25 分钟。

蒙布朗

制作蒙布朗时，蒙布朗奶油下面可以用杏仁奶油、饼干碎等填充。可根据自己的喜好制作不同口味的饼干。

材料〔直径 6cm 的蛋糕 8~9 个〕

栗子…………10 颗
镜面果胶…………少许
糖粉…………少许

挞皮

黄油…………80g
糖粉…………35g
盐…………1g
蛋液…………28g
低筋面粉…………130g
杏仁粉…………20g
香草籽…………少许
防粘用低筋面粉…………少许

杏仁奶油

黄油…………50g
糖粉…………50g
蛋液…………50g
杏仁粉…………50g

蒙布朗奶油

栗子酱…………400g
黄油…………60g
鲜奶油…………70g
香草籽…………1g
黑朗姆酒…………3g

奶油

鲜奶油…………150g
马斯卡彭奶酪…………50g
白砂糖…………12g
香草籽…………少许

●工具

搅拌碗，刮板，擀面杖，保鲜膜，叉子，硅胶铲，打蛋器，面粉筛，圆形饼干切模，蛋挞模，刮刀，刷子，裱花袋，圆形裱花嘴，蒙布朗裱花嘴

制作方法

1 制作挞皮。将低筋面粉、杏仁粉、糖粉、盐、香草籽筛入搅拌碗中，放入切碎的黄油，用刮板将黄油与面粉搅拌均匀。

2 用手将黄油与面粉揉搓均匀。倒入蛋液，用刮板将其与面粉搅拌均匀。

3 将面团移到案板上，用手向同一方向揉搓 3 次。

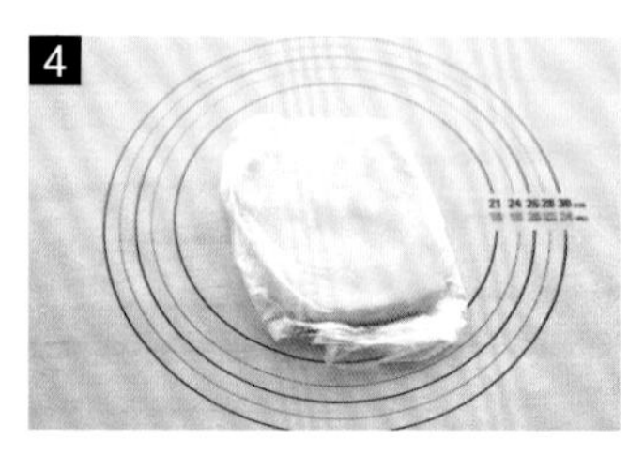

4 用刮板将面团聚到一起揉捏成团，用保鲜膜包好，放入冰箱冷藏 1 个小时。

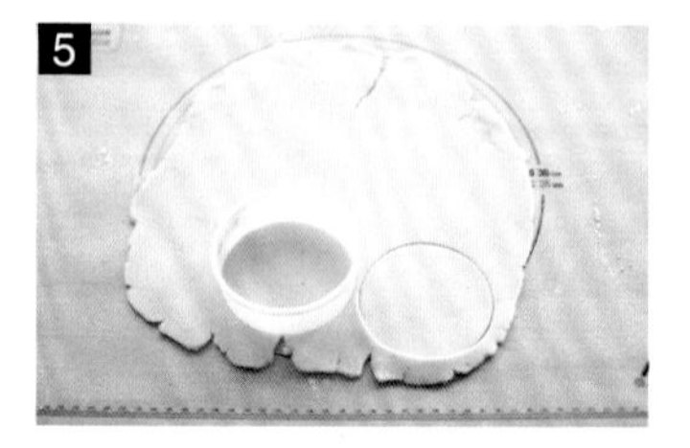

5 在案板上撒上少许低筋面粉，取出面团，擀成 2mm 厚的面片，用直径约 7cm 的圆形饼干切模压出面片。为防止软塌，可以在放入蛋挞模前先放入冰箱冷藏一会儿。

6 将面片放入模具中，使之与蛋挞模内壁贴合，用叉子在面皮上扎几排小孔，放入冰箱中冷藏。

7 制作杏仁奶油。将软化的黄油放入搅拌碗中，搅拌后倒入糖粉，搅拌均匀。

8 倒入蛋液，搅拌均匀。

9 将杏仁粉筛入搅拌碗中，搅拌均匀。

10 将蛋挞模从冰箱中取出，装入杏仁奶油，放入预热至 170℃的烤箱内烘焙 25~30 分钟。

11 将烤好的蛋挞脱模后，放在晾网上冷却。

12 制作蒙布朗奶油。在搅拌碗中倒入栗子酱，搅拌均匀后倒入香草籽和黑朗姆酒，搅拌均匀。

13

放入软化的黄油，搅拌均匀。

14

将鲜奶油打发后，分 2 次放入搅拌碗中，搅拌均匀。

15

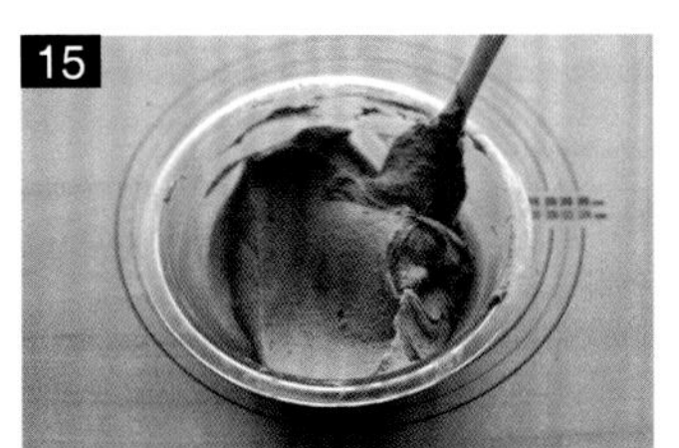

搅拌至奶油表面均匀顺滑，无面粉颗粒残留就可以了。

16

打发奶油。在搅拌碗中放入软化的马斯卡彭奶酪、白砂糖、香草籽，搅拌均匀。将 1/3 鲜奶油放入搅拌碗中，搅拌均匀。

17

将剩余的鲜奶油全部加入搅拌碗中，冰镇打发鲜奶油。

18

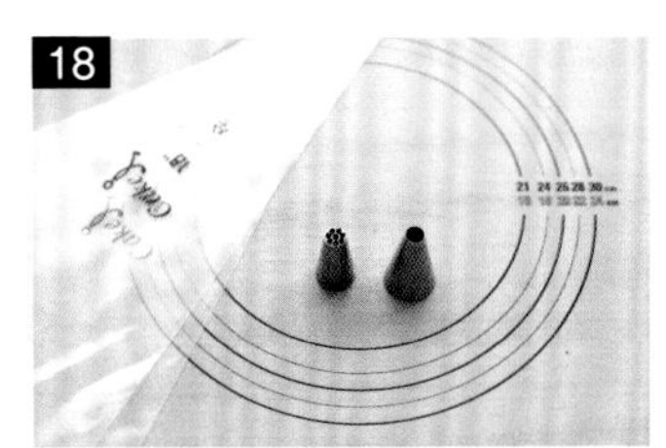

准备好 2 个分别装有蒙布朗裱花嘴和圆形裱花嘴的裱花袋，将蒙布朗奶油倒入装有蒙布朗裱花嘴的裱花袋中，将打发的奶油倒入装有圆形裱花嘴的裱花袋中。

19

在蛋挞上挤上一些奶油，上面放一颗栗子，然后再在上面挤上奶油，用刮刀刮成小山形状。

20

在表面自下而上螺旋形挤上蒙布朗奶油。

21

将糖粉筛在蒙布朗的表面，然后在顶部放一颗栗子做装饰。可以在栗子表面涂抹上镜面果胶，成品会更漂亮。

地道的蒙布朗使用的是法国的糖渍栗子，为了制作方便，书中仅使用普通栗子，也可以使用市售的罐头栗子。如果时间充裕，可以自制栗子作为材料。

三清洞

三清洞脱离都市商业区的繁华喧嚣，静谧古朴，是约会散心的不二之选，众多美食汇聚之地。

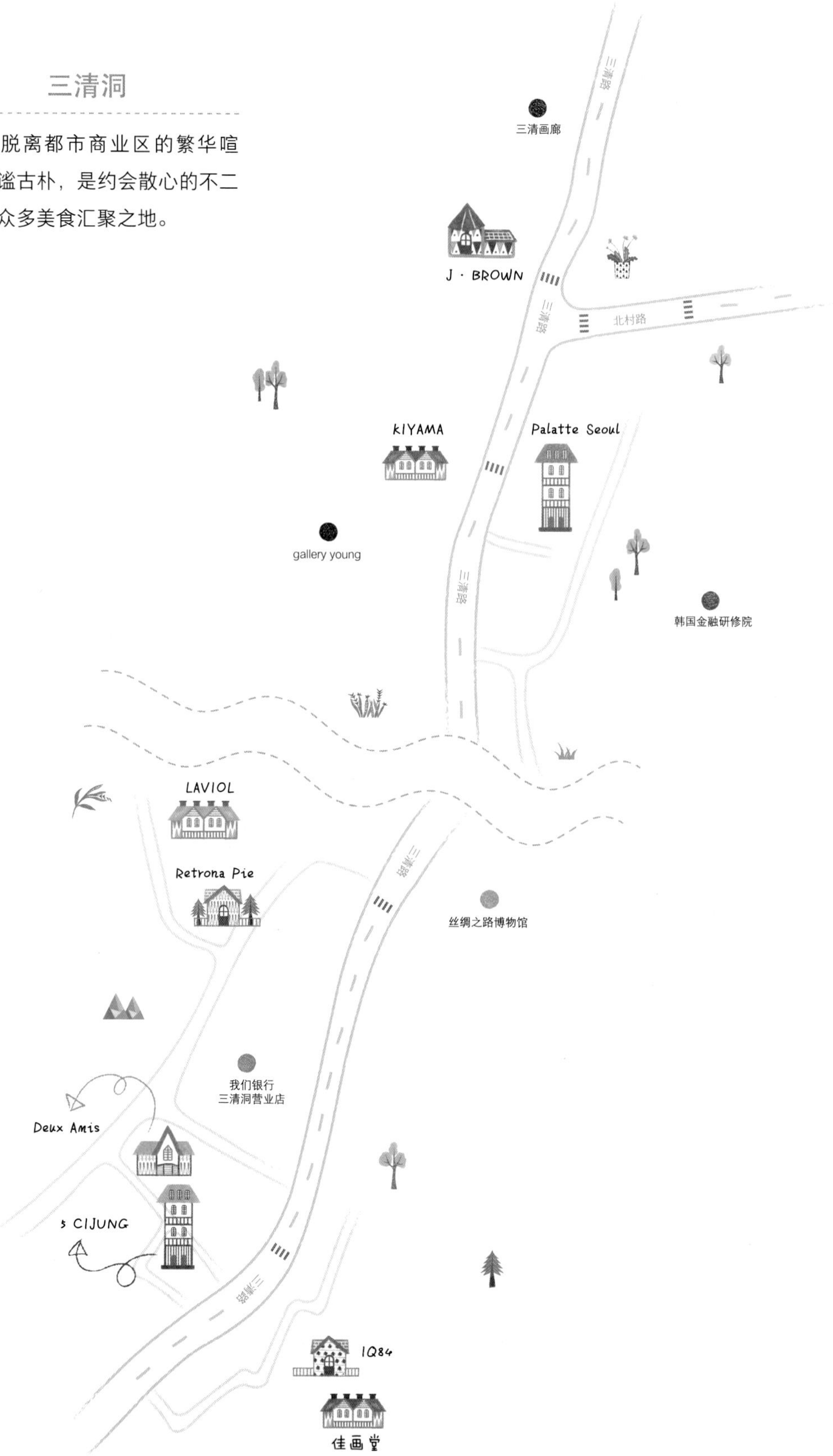

三清路
三清画廊
J · BROWN
三清路
北村路
KIYAMA
Palatte Seoul
gallery young
三清路
韩国金融研修院
LAVIOL
三清路
Retrona Pie
丝绸之路博物馆
我们银行
三清洞营业店
Deux Amis
5 CIJUNG
三清路
1Q84
佳画堂

第五章

三清洞

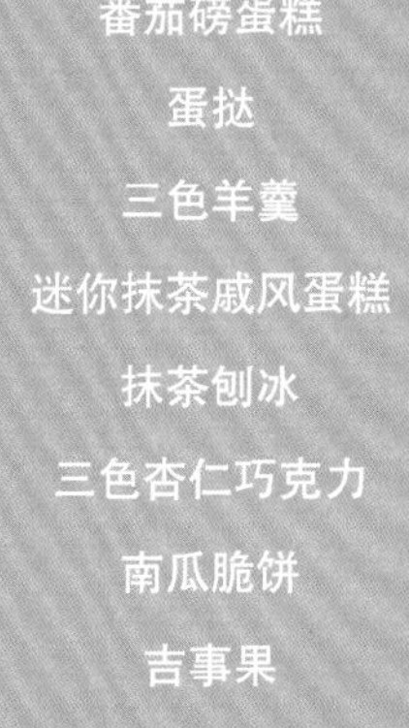

香蕉巧克力慕斯挞

番茄磅蛋糕

蛋挞

三色羊羹

迷你抹茶戚风蛋糕

抹茶刨冰

三色杏仁巧克力

南瓜脆饼

吉事果

年糕吐司

松露巧克力

糯米蛋糕

香蕉巧克力慕斯挞

加入香草籽的奶油和慕斯更美味。将面包刀过热水后擦干，切出的蛋挞造型更美观。

材料〔直径 21cm 的挞 1 个〕

香蕉……3 根
装饰用巧克力碎……少许

挞皮

黄油……80g
糖粉……40g
盐……少许
蛋液……28g
低筋面粉……130g
杏仁粉……20g
香草籽……少许
蛋液……少许
防粘用低筋面粉……少许

巧克力奶糊

黑巧克力……35g
鲜奶油……35g

巧克力慕斯

鲜奶油……100g
白砂糖……15g
蛋黄……30g
香草籽……少许
吉利丁片……2g
黑巧克力……100g
牛奶巧克力……50g
鲜奶油……200g

奶酪奶油

鲜奶油……200g
马斯卡彭奶酪……30g
白砂糖……17g
香草籽……少许

●工具

搅拌碗，刮板，擀面杖，保鲜膜，叉子，油纸，重石，硅胶铲，打蛋器，面粉筛，裱花袋，圆形裱花嘴，刀，砧板，刮刀，刷子，挞模

制作方法

制作挞皮。将低筋面粉、杏仁粉、糖粉、少许盐、香草籽一起过筛后，放入搅拌碗中，加入切碎的黄油，用硅胶刮板搅拌。

用手将黄油和面粉揉搓成颗粒状，在搅拌碗中倒入蛋液，用硅胶刮板搅拌均匀。

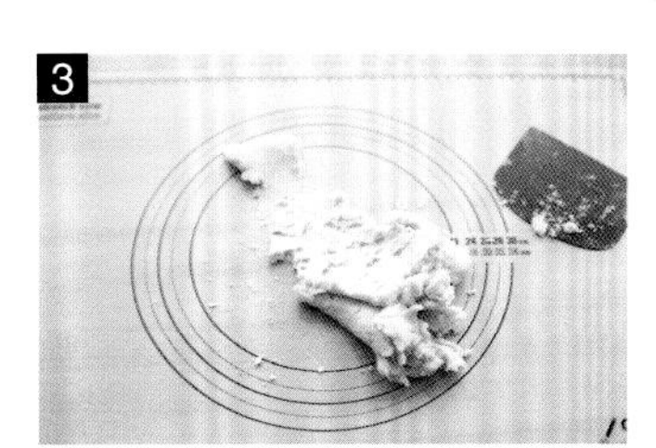

将面团移到案板上，用手掌向同一方向揉搓 3 次。

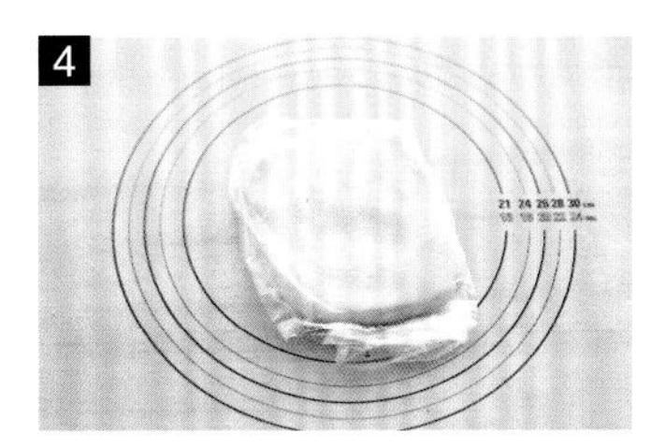

用刮板将面团聚到一起，揉捏成团，用保鲜膜包好，放入冰箱冷藏 1 个小时。

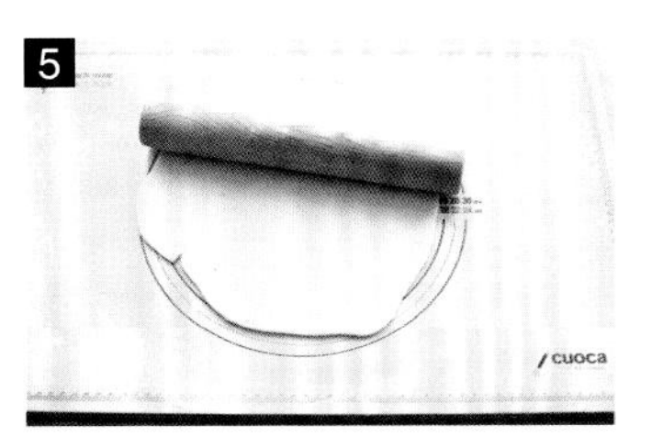

在案板上撒上少许低筋面粉，将冷藏好的面团从冰箱中取出，擀成 3mm 厚的面片。

让面片紧贴挞模内壁，用擀面杖擀去四周多出的面片。用叉子在面片上扎几排小孔，放入冰箱冷藏 10~20 分钟。

取出挞模，垫上油纸，放上重石，放入预热至 160℃烤箱烘烤 30 分钟。

烤好后，拿开挞模上的重石和油纸，在挞的表面涂抹上蛋液，再次放入 160℃的烤箱内烘烤 5~10 分钟。从烤箱取出冷却后脱模。

制作巧克力奶糊。将黑巧克力隔水加热化开，倒入鲜奶油，搅拌均匀。

将巧克力奶糊倒入冷却的挞中，抹平奶糊表面，放入冰箱冷却。

制作巧克力慕斯。将黑巧克力和牛奶巧克力隔水加热化开，吉利丁片冷水泡发，将 100g 鲜奶油和香草籽混合熬煮，搅拌碗中倒入蛋黄和白砂糖搅拌均匀，倒入煮好的奶油，搅拌均匀。

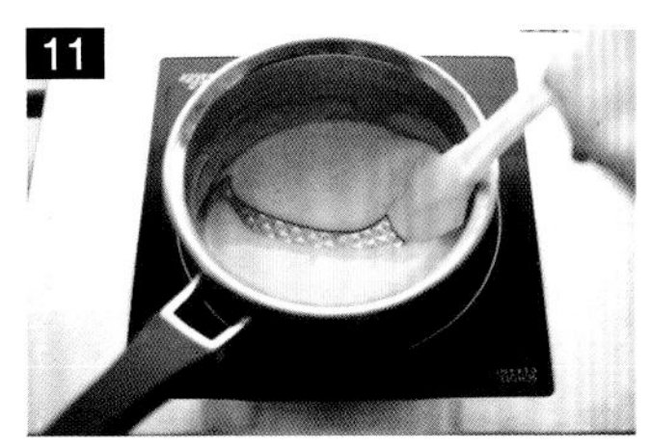

将蛋奶糊倒入小锅中，开小火至中火熬煮，一边煮一边用硅胶铲搅拌。

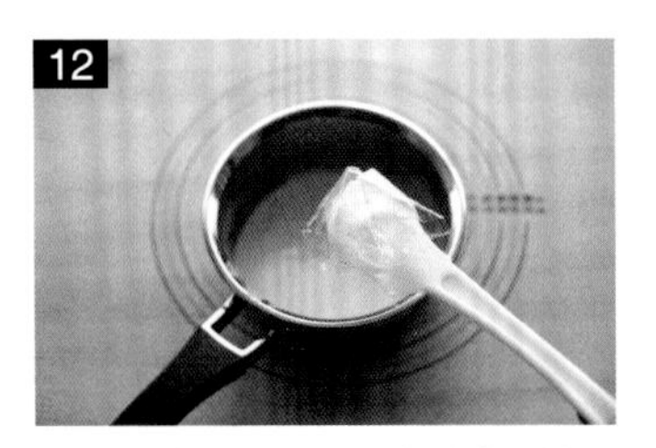

提起硅胶铲，用手指在硅胶铲的面糊上画一道，如果硅胶铲上有明显面糊残留即可。加热至 84℃时，将吉利丁片挤出水分，放入小锅中，搅拌均匀。

将熬煮好的蛋奶糊筛入化开的巧克力中，搅拌均匀。放在室温下冷却。

将 200g 鲜奶油放入搅拌碗中，冰镇打发奶油，直至奶油表面出现明显纹路。

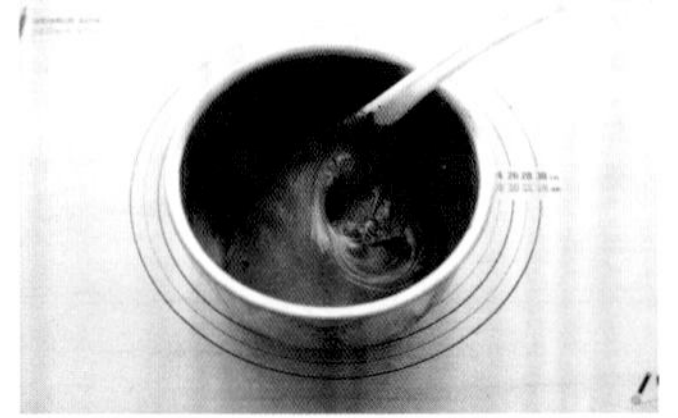

将打发好的鲜奶油分 3 次加入巧克力面糊中，每次都要搅拌均匀。搅拌至慕斯表面均匀顺滑，无面粉颗粒残留时，巧克力慕斯就做好了。

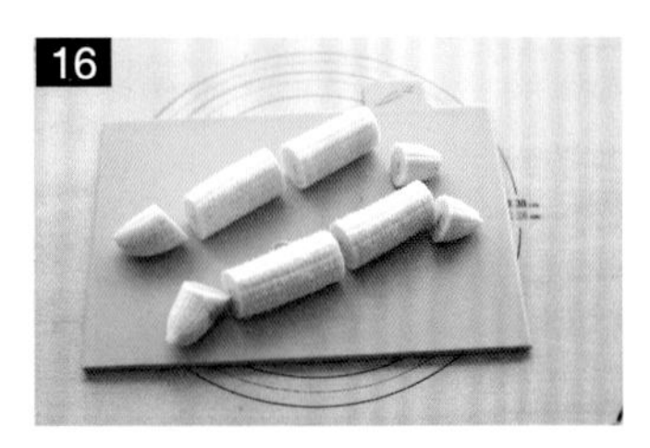

将准备放入蛋挞中的香蕉切成合适的大小。

将挞从冰箱中取出，用刮刀在表面涂抹上一层薄薄的巧克力慕斯，然后在上面放上切好的香蕉块。

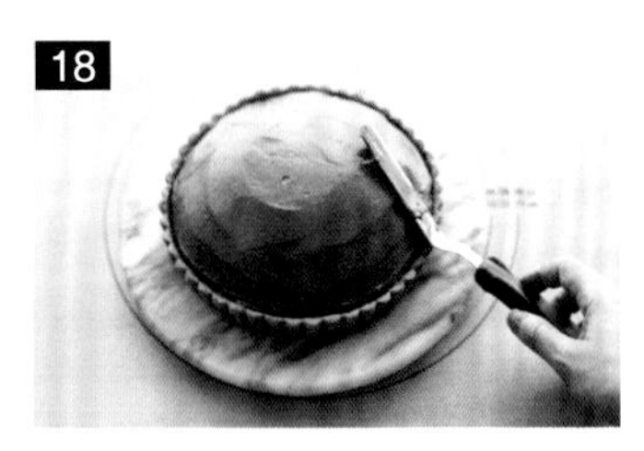

倒上巧克力慕斯，用刮刀刮出穹顶形状。放入冰箱中冷藏。

制作奶酪奶油。将马斯卡彭奶酪放入搅拌碗中，稍微搅拌后倒入白砂糖，搅拌均匀。放入鲜奶油和香草籽，冰镇打发至出现明显纹路。

将打发好的奶酪奶油倒入装有圆形裱花嘴的裱花袋中，在挞的表面挤上奶油，再次放入冰箱中冷藏。

将巧克力切碎后，撒在巧克力慕斯挞的表面。

番茄磅蛋糕

将圣女果等水果放入烤箱中，长时间低温烘烤，使其变成半干燥状态。半干燥状态的水果无法在室温下长期保存，因此需要尽快食用或放入冰箱保存。

材料 〔18cm 长的磅蛋糕 1 个〕

干圣女果…………………… 70g
食用油或黄油…………… 少许

番茄酱

番茄……………………… 500g
柠檬汁…………………… 20g
白砂糖…………………… 200g

蛋糕

黄油……………………… 100g
非精制黄砂糖…………… 80g
盐………………………… 少许
蛋液……………………2 个鸡蛋
低筋面粉………………… 120g
杏仁粉…………………… 20g
泡打粉…………………… 2g
番茄酱…………………… 70g

●工具

小锅，硅胶铲，玻璃瓶，烤盘，搅拌碗，打蛋器，油纸，磅蛋糕模，刀

制作方法

1

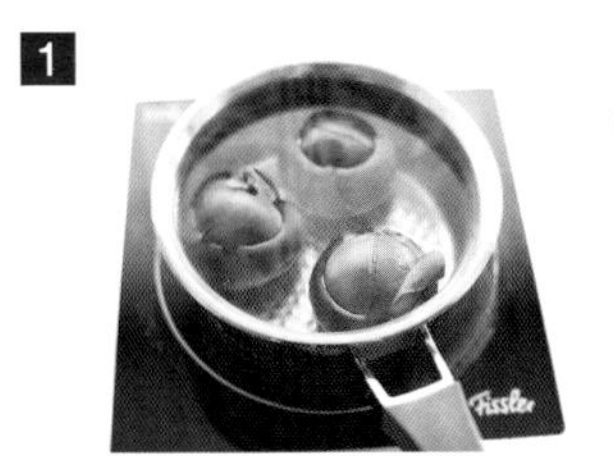

制作番茄酱。在番茄底部用刀画十字，用水焯至番茄变软后拿出，过冷水后去皮。

2

将番茄切成小块放入小锅中。切的时候去掉番茄的籽，制作出的番茄酱口感会更好。

3

加入柠檬汁和白砂糖，开中火熬煮25分钟。火力过大容易将番茄熬煳，所以需要用小火慢慢熬煮。

4

当熬至番茄酱变浓稠时即可直接使用。如果要用来制作提拉米苏，需要先用打蛋器搅拌一下，再放入锅中稍微熬煮一会儿再使用。

5

盛取 70g 番茄酱放凉备用，剩余的番茄酱倒入消过毒的2个玻璃瓶(每个 120mL) 中。

6

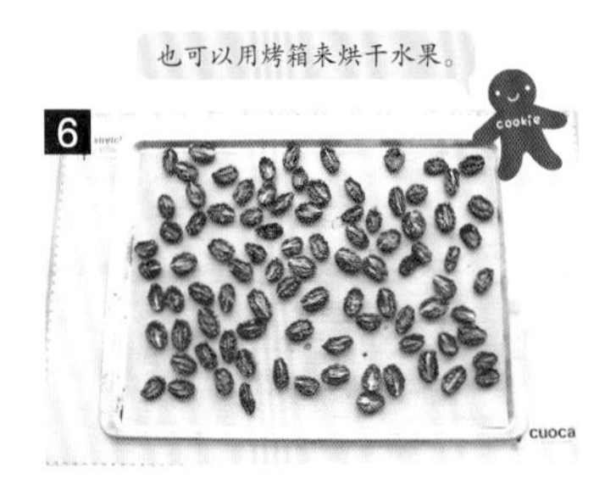

烤圣女果。将圣女果洗净后对半切开，摆在烤盘上，放入 100℃的烤箱中烘烤 2 小时，圣女果就会变成半干燥状态。

7

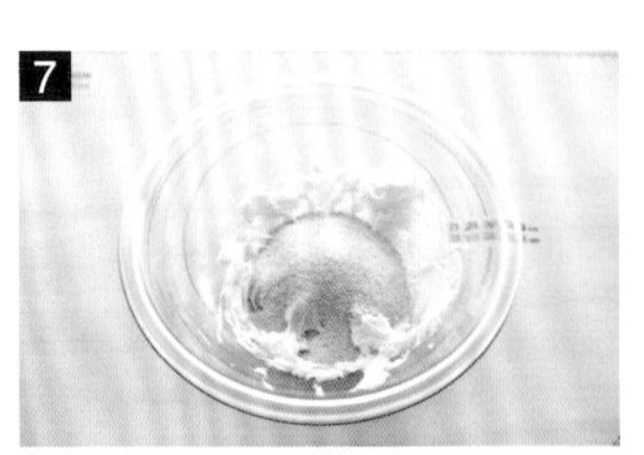

制作蛋糕。将软化的黄油放入搅拌碗中，倒入非精制黄砂糖和盐，搅拌均匀。

8

将蛋液倒入搅拌碗中，搅拌均匀后将低筋面粉、泡打粉、杏仁粉筛入搅拌碗中，搅拌均匀。

9

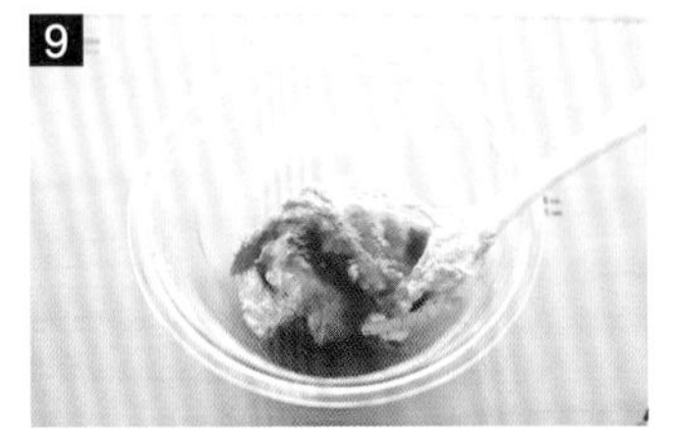

将冷却的 70g 番茄酱倒入搅拌碗中，搅拌均匀，放入半干燥的圣女果，搅拌均匀。

10

将油纸垫在模具中，面糊倒入磅蛋糕模中，在硅胶铲上涂抹上食用油和黄油，在面糊中竖着画出中心线。将磅蛋糕模放入预热至 180℃的烤箱中，然后将温度调到 170℃，烘烤 30~35 分钟。

蛋挞

在挞皮中倒入一层薄薄的奶油，烘出的蛋挞味道会很美味，也可以在挞皮中倒入蛋奶糊。根据自己的喜好来制作蛋挞。

材料 〔直径 7cm 的蛋挞 10~12 个〕

挞皮

黄油…………………………… 80g
糖粉…………………………… 15g
盐……………………………… 3g
鸡蛋…………………………… 32g
低筋面粉…………………… 150g
香草籽……… 少许（可不加）
防粘用低筋面粉………… 少许

蛋挞液

牛奶………………………… 200g
鲜奶油……………………… 133g
香草豆荚…………………… 1/2 根
白砂糖……………………… 65g
蛋黄…………………………4 个

●工具

搅拌碗，打蛋器，面粉筛，小锅，硅胶铲，刮板，蛋挞模，叉子，擀面杖，保鲜膜，重石（大米或豆子），油纸，烤盘，饼干切模

制作方法

制作挞皮。将低筋面粉、糖粉、盐、香草籽筛入搅拌碗中，放入切碎的黄油，用刮板将黄油与面粉搅拌均匀。

用手将黄油与面粉揉捏混合成颗粒状。打入鸡蛋，用刮板将其与面粉搅拌均匀。

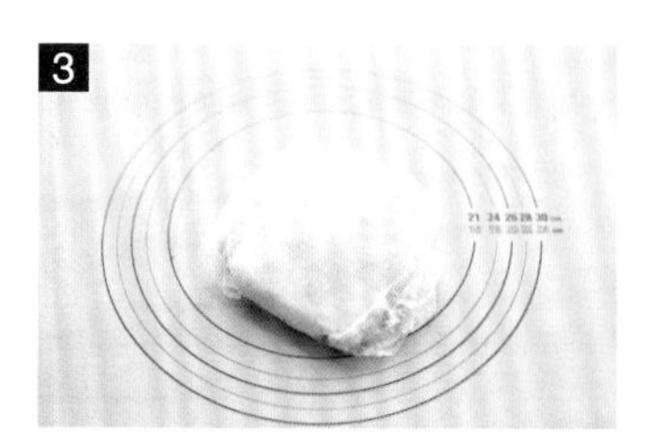

用刮板将面团聚到一起揉捏成团，用保鲜膜包好，放入冰箱冷藏 1 个小时。

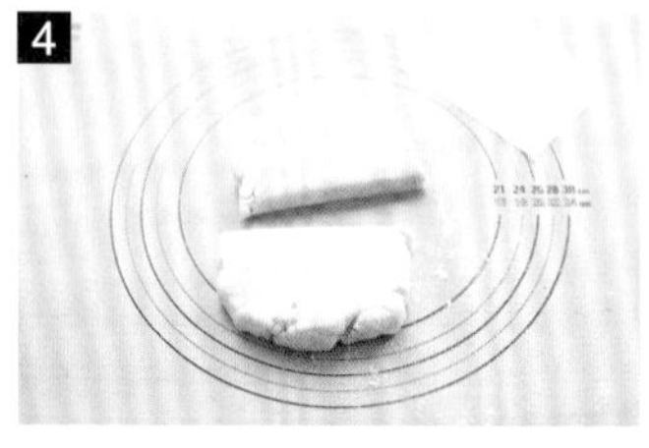

取出面团，用刮板将其对半切开。

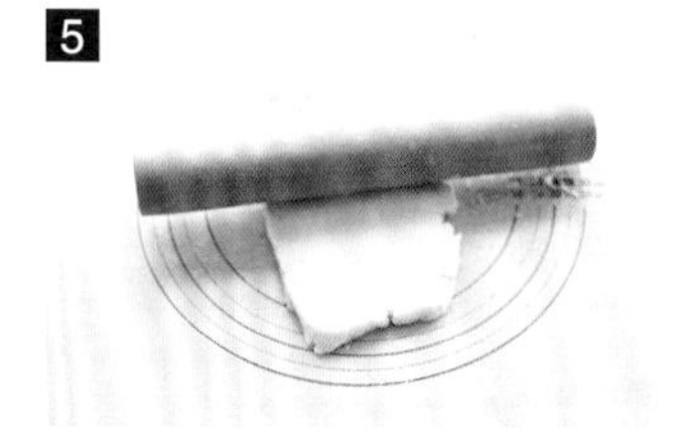

撒上少量低筋面粉，用擀面杖擀面团。

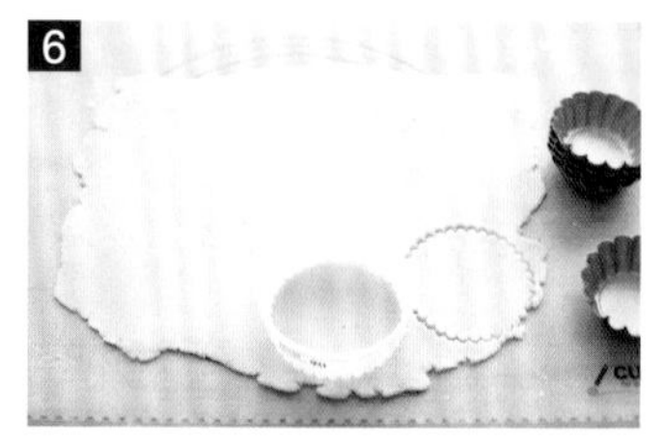

擀成约 2mm 厚的面片，用直径 10cm 的饼干切模压出圆形面片。

将面片垫在模具中，使之与模具内壁贴合，用叉子在底部扎几排小孔，将模具放在已铺好油纸的烤盘上，放入冰箱中冷藏一会儿。

在模具中垫上油纸，倒入重石，放入预热至 180℃的烤箱内烘烤 20 分钟。

制作蛋挞液。将牛奶、鲜奶油、香草籽倒入小锅中，简单熬煮一下。

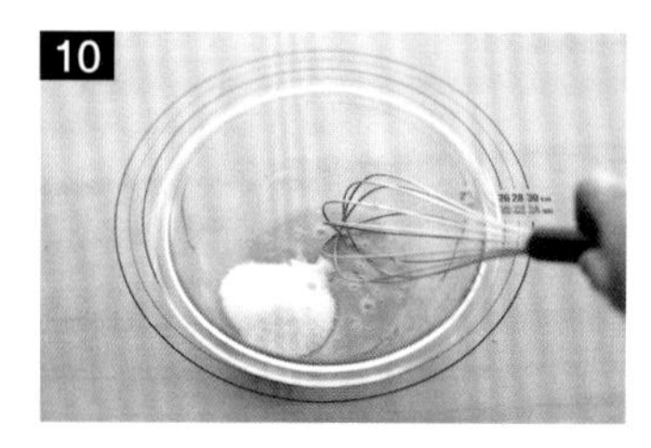

在搅拌碗中倒入蛋黄，打散后加入白砂糖，搅拌均匀。将熬煮好的奶油倒入搅拌碗中，搅拌均匀，过筛。

11

取出烤好的挞皮，倒入蛋挞液，放入 180℃的烤箱内烘烤 15~20 分钟。

三色羊羹

如果没有栗子，可以用核桃、南瓜、地瓜等材料代替，做出核桃羊羹、南瓜羊羹、地瓜羊羹等。

材料 〔16.5cm×16.5cm 慕斯模 1 个，或 18cm×7cm 羊羹模 2 个〕

仙人掌羊羹

水…………………………… 300g
琼脂粉……………………… 8g
白砂糖……………………… 100g
蜂蜜（或糖浆）…………… 30g
绿豆粉……………………… 500g
仙人掌粉…………………… 5g

抹茶羊羹

水…………………………… 300g
琼脂粉……………………… 8g
白砂糖……………………… 100g
蜂蜜（或糖浆）…………… 30g
绿豆淀粉…………………… 500g
抹茶粉……………………… 5g

栗子羊羹

水…………………………… 300g
琼脂粉……………………… 8g
白砂糖……………………… 100g
蜂蜜（或糖浆）…………… 30g
红豆淀粉…………………… 500g
熟栗子……………… 100~120g

●工具

小锅，硅胶铲，刀，慕斯模，羊羹模

制作方法

1 制作仙人掌羊羹。将水和琼脂粉倒入小锅中，搅拌后静置 15 分钟，开中火慢慢熬煮 3~4 分钟。

2 倒入白砂糖和蜂蜜，继续熬煮 10~15 分钟。

3-1 倒入绿豆粉和仙人掌粉，继续熬煮 15 分钟。

3-2 一边熬煮一边搅拌，直至面糊表面均匀顺滑。

4 将熬煮好的羊羹倒入模具中，冷却后放入冰箱冷藏 2 个小时，冻硬后切块。

5

抹茶羊羹的制作方法与仙人掌羊羹的制作方法一样，只需将仙人掌粉换成抹茶粉即可。

6

栗子羊羹的制作方法也基本相同，需要将绿豆粉换成红豆粉熬煮。

7

在将栗子面糊放入冰箱冷藏前，须在粟子面糊放上熟粟子块。

8

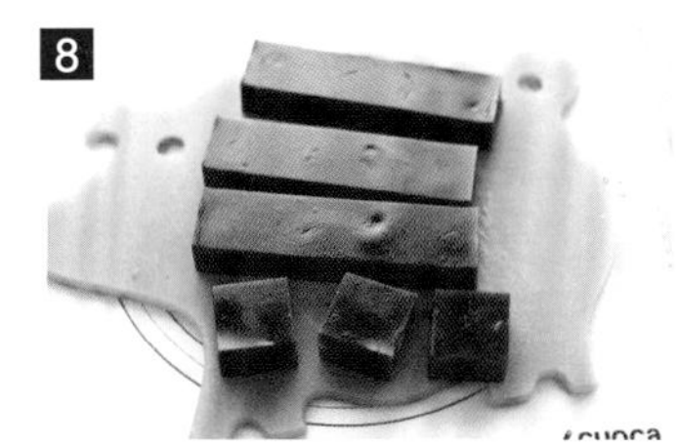

冷藏 2 个小时后，取出，切成方块，单个包装好。

精美的包装

将羊羹块用包装盒包装起来，放入有节日感的礼盒中，可以当作礼物。还可以贴上商标作为商品出售。

迷你抹茶戚风蛋糕

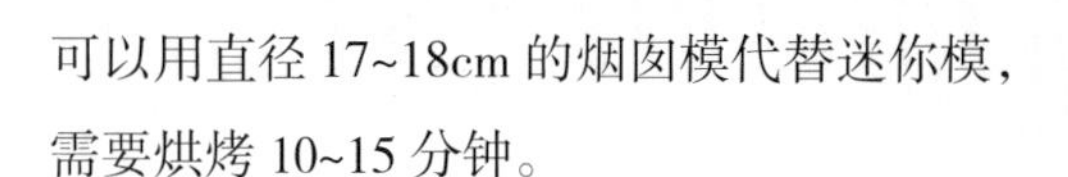

可以用直径 17~18cm 的烟囱模代替迷你模，需要烘烤 10~15 分钟。

材料 〔8.5cm × 3cm 迷你模具 6 个〕

戚风蛋糕

- 蛋黄……3 个
- 白砂糖 A……30g
- 盐……少许
- 葡萄籽油……45g
- 抹茶粉（或绿茶粉）……10g
- 低筋面粉……50g
- 高筋面粉……10g
- 泡打粉……1~2g
- 蛋白……130g
- 白砂糖 B……40g

奶油

- 鲜奶油……100g
- 白砂糖……10g（可不加）
- 熟红豆……少许

●工具

搅拌碗，打蛋器，硅胶铲，面粉筛，迷你模，烤盘，油纸，晾网

制作方法

1

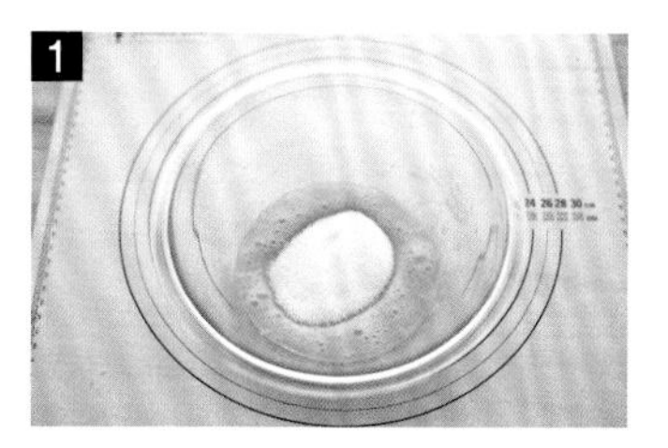

将蛋黄倒入搅拌碗中，打散后放入白砂糖 A 和盐，搅拌均匀，倒入葡萄籽油，搅拌均匀。

2

将低筋面粉、高筋面粉、泡打粉、抹茶粉混合过筛 2 次后，倒入搅拌碗中，搅拌均匀。

3

打发蛋白。在另一个搅拌碗中倒入蛋白，打发至出现泡沫，分 3 次倒入白砂糖 B，每次都要搅拌均匀。用打蛋器打发至提起打蛋器时蛋白表面有小角立起即可。

4

将 1/3 的蛋白霜放入搅拌碗中，搅拌均匀，然后将剩余的蛋白霜分 2 次倒入搅拌碗中，搅拌均匀。

5

将面糊倒入迷你模中，用筷子稍微搅拌，保证面糊中没有气孔。放入预热至 160~170℃的烤箱内烘烤 20 分钟。

6

烤好后取出迷你模，倒扣在晾网上冷却。

7

制作奶油。冰镇搅拌碗，放入鲜奶油和白砂糖，打发至奶油表面出现明显纹路。

8

脱模后装盘，在蛋糕中间挤入奶油，再装饰上熟红豆即可。

精美的包装

可以将戚风蛋糕切块，放入透明饼干袋中，包装好，便于食用，也可以当作礼物送人。

抹茶刨冰

可以用连皮一起吃的青葡萄做装饰。放入冰箱冷藏30分钟以上再食用，味道会更好。

材料〔1~2人份〕

抹茶刨冰

牛奶……………………… 200g
水（矿泉水）…………… 200g
白砂糖…………………… 20g
抹茶粉…………………… 3~4g

红豆沙

红豆……………………… 200g
白砂糖…………………… 100g
盐………………………… 少许
水………………………… 适量

装饰用

打糕或糯米糕…………… 适量

●工具

小锅，硅胶铲，制冰盒，料理机或刨冰机

制作方法

1

制作抹茶刨冰。用水将白砂糖化开，简单熬煮一下，放入抹茶粉，搅拌均匀，可根据自己口味调整水的用量。

2

冷却后倒入牛奶，搅拌均匀。

3

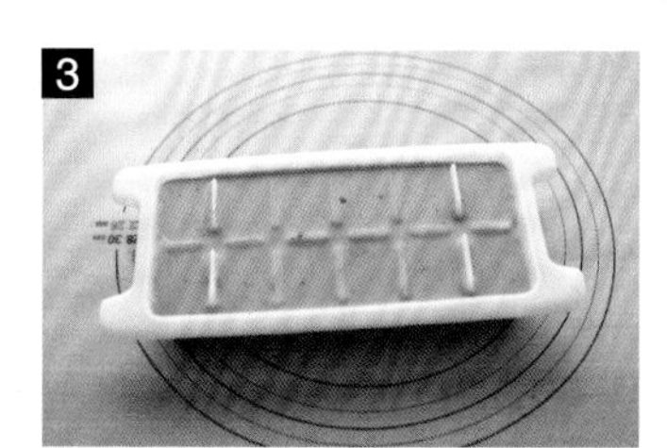

将抹茶糊倒入制冰盒中，放入冰箱，冷冻一天。硅胶材质的制冰盒更方便脱模。

4

制作红豆沙。将洗干净的红豆放入小锅中，倒入 2 倍的水，煮开后，倒掉水，再倒入 3 至 4 倍的水，放入白砂糖和盐，熬煮至红豆裂开为止。待红豆沙冷却后，放入冰箱冷藏备用。

5

将抹茶冰块取出，用料理机打碎。

6-1

将抹茶刨冰舀入容器中，在上面舀上红豆沙，再分别舀上一层抹茶刨冰和红豆沙，最后在上面放上一块打糕。

6-2

制作不同口味的刨冰

将牛奶和水按 1∶1 的比例做成刨冰，加上红豆沙，就做成了牛奶刨冰。将坚果混入牛奶刨冰，加上焦糖奶油，就做成了平常在咖啡馆能吃到的焦糖刨冰。

三色杏仁巧克力

材料是 3 杯装份量。不需要再使用其他的包装，只需要装在塑料杯中，系上一条丝带，就很漂亮了。

材料 〔3 杯份〕

- 杏仁………………………… 250g
- 白砂糖………………………… 80g
- 水………………………………… 30g
- 黄油……………………………… 10g
- 黑巧克力…………………… 100g
- 无糖可可粉…………………… 20g
- 糖粉……………………………… 20g
- 抹茶粉…………………………… 20g

●工具

小锅，硅胶铲，搅拌碗，烤盘，面粉筛，塑料杯

制作方法

1

将杏仁放入 160~170℃的烤箱中烘烤 5 分钟。在小锅中倒入白砂糖和水，熬煮一下，放入烤好的杏仁。

2

开小火，慢慢搅拌，直至杏仁上面裹满焦糖。关火，放入黄油，搅拌均匀。

3

将杏仁倒到烤盘或搅拌碗中，冷却。

4

将黑巧克力隔水加热化开。

5-1

将化开的巧克力慢慢倒入搅拌碗中。

5-2

用硅胶铲搅拌均匀。

6

将巧克力杏仁分成 3 份，1 份裹上无糖可可粉，用面粉筛筛去多余的可可粉。

7

1 份裹上糖粉，用面粉筛筛去多余的糖粉。

1 份裹上抹茶粉，用面粉筛筛去多余的抹茶粉。

南瓜脆饼

脆饼口感爽脆，需要放入烤箱中烘烤2次。如果刚烤完就立即切开，饼干容易碎裂，应稍微冷却后再切。

材料 〔约20块〕

- 低筋面粉…………………… 200g
- 杏仁粉………………………… 20g
- 非精制黄砂糖……………… 85g
- 泡打粉………………………… 3g
- 鸡蛋…………………………… 1个
- 盐……………………………… 少许
- 葡萄籽油（也可以用其他食用油代替）…………… 20g
- 蒸熟的南瓜………………… 100g
- 南瓜子（烘焙用）………… 80g
- 防粘用低筋面粉………… 少许

●工具

搅拌碗，打蛋器，硅胶铲，烤盘，面包刀，晾网，面粉筛，油纸

制作方法

将南瓜蒸熟后冷却，去皮捣碎备用。在搅拌碗中打入鸡蛋，打散，倒入黄砂糖和盐，搅拌均匀。

砂糖化开后，倒入葡萄籽油，搅拌均匀。

倒入南瓜糊，搅拌均匀。

将低筋面粉、杏仁粉、泡打粉筛入搅拌碗中，搅拌均匀。

倒入去壳的南瓜子，搅拌均匀。

将面团放在烤盘上，揉捏成约27cm×10cm×1.5cm大小的长方形。如果觉得面团比较粘手，可以撒上少许低筋面粉后再揉面团。

如果饼干刚烤完就切，容易碎掉。

放入预热至170℃的烤箱中烘烤35分钟。

烤好后放在晾网上冷却，用面包刀切成1~1.5cm厚的切片。

再次放入预热至160℃的烤箱中烘烤15分钟。

吉事果

也可以取小块面团揉成棒状，放在滚烫的热油中炸一下就可以了。

材料 〔直径 5cm 的吉事果 10 个〕

牛奶…………………………80g
水……………………………80g
黄油…………………………25g
盐……………………………1g
白砂糖………………………15g
低筋面粉……………………50g
高筋面粉……………………50g
香草籽………………………少许
蛋液…………………………65g
白砂糖………………………40g
肉桂粉………………………1g
食用油………………………适量

●**工具**
小锅，硅胶铲，搅拌碗，星形裱花嘴，裱花袋，油纸，烤盘

制作方法

将牛奶、水、黄油、盐、白砂糖、香草籽倒入小锅中，熬煮至黄油化开。

将低筋面粉和高筋面粉筛入小锅中，开中火继续熬煮。

一边熬煮，一边用硅胶铲搅拌，当熬煮至可以用硅胶铲将面块按压成团时，即可关火。

将面团放入搅拌碗中，将打散的蛋液分 3 次倒入搅拌碗中，每次加入蛋液后都要用硅胶铲搅拌均匀。

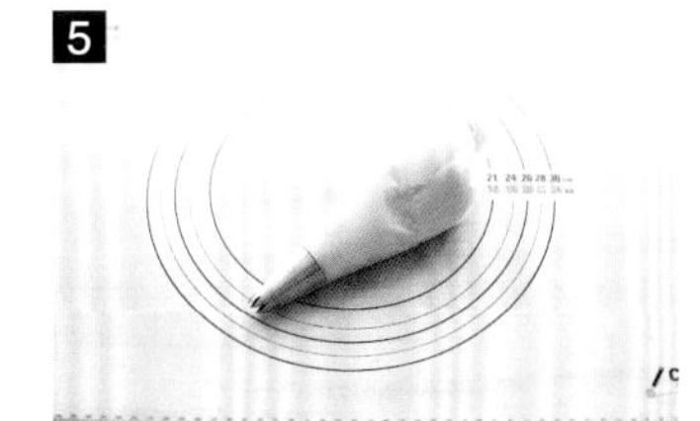

将面糊倒入装有星形裱花嘴的裱花袋中。如果没有星星裱花嘴可以用圆形裱花嘴代替。

将油纸铺在烤盘上，在烤盘上挤出环状面糊，放入冰箱中稍微冷冻一下。

开中火，将小锅中的食用油加热至170~180℃，将环状面糊放入小锅中炸制。

吉事果炸好后，趁热裹上白砂糖和肉桂粉。可以搭配蘸酱或者奶油奶酪食用。

年糕吐司

可以不使用平底锅，而是将切片面包涂抹上黄油后放入面包机中，烤好后，夹入年糕，放入微波炉中，加热至年糕化开，淋上蜂蜜，筛上豆面即可食用。

材料〔1人份〕

切片面包	2片	蜂蜜	适量
年糕	80~100g	豆面	适量
黄油	20~30g	杏仁薄片	少许

●工具

平底锅，刀，面粉筛

制作方法

1 年糕切片。

2 在切片面包的两面涂抹上黄油，加热平底锅，放入黄油和切片面包，用小火或中火稍微烘烤一下。

3 煎至切片面包两面都变黄，在面包上放上切好的年糕薄片，再盖上另一片面包。

4 将年糕片煎至黏稠状即可，若再多煎 30 秒到 1 分钟，吐司口感会更好。

5 在吐司表面淋上蜂蜜，筛上豆面，再放上一点杏仁薄片，毫不逊色于咖啡馆里的吐司。

松露巧克力

材料 〔15cm×15cm 的慕斯模 1 个，12cm×12cm 的巧克力模 1 个〕

黑巧克力…………………… 270g
牛奶巧克力………………… 130g
鲜奶油……………………… 190g
蜂蜜………………………… 30g
黄油………………………… 30g
朗姆酒……………………… 20g
无糖可可粉………………… 适量

●工具

搅拌碗，硅胶铲，打蛋器，小锅，巧克力模或慕斯模，烤盘，刀

制作方法

将所有巧克力隔水加热化开。

将鲜奶油和蜂蜜倒入小锅中，稍微熬煮一下后，倒入盛有巧克力的搅拌碗中，用打蛋器搅拌均匀。

将提前置于室温下软化的黄油放入搅拌碗中，搅拌均匀。

倒入朗姆酒，搅拌均匀。

将巧克力倒入模具中，裹上保鲜膜，放入冰箱中冷冻 3~4 个小时。

将冷冻好的巧克力取出，脱模后切成 3cm×3cm 的巧克力块，裹上无糖可可粉。

黑巧克力味道有点苦，掺入一些牛奶巧克力，制作出的松露巧克力味道会更好。若只用牛奶巧克力，味道就会太甜腻。如果想用松露巧克力作为礼物，可以提前制作好放入冰箱中保存，使用前取出巧克力，包装好即可。巧克力很容易返潮，因此一定要密封保存。巧克力刚从冰箱中取出时偏硬，放在室温下稍微软化后，会更易切开。

糯米蛋糕

糯米粉吸水量比一般面粉高，须将牛奶的量减少一些。糯米蛋糕如果长时间放置会变硬，因此需要尽快食用。

材料 〔20cm × 20cm 的方形蛋糕模 1 个〕

糯米粉…………………… 300g
牛奶…………………… 260~270g
蛋液………………………… 1 个
泡打粉………………… 1/2 小匙
小苏打………………… 1/2 小匙
盐………………………… 少许
非精制黄砂糖……………… 30g
蜂蜜……………………… 20g
青豌豆、红豆、葡萄干、
　核桃等………………… 150g
杏仁薄片………………… 少许

●工具

搅拌碗，打蛋器，硅胶铲，面粉筛，油纸，正方形模，面包刀，烤盘，晾网

制作方法

将糯米粉、泡打粉、小苏打、非精制黄砂糖、盐筛入搅拌碗中，倒入蛋液、牛奶、蜂蜜，搅拌均匀。

将豆子、葡萄干、核桃倒入搅拌碗中，搅拌均匀。

将方形蛋糕模放在烤盘上，垫上油纸，倒入面糊，撒上杏仁薄片，放入预热至 170℃的烤箱中，烘烤 35~40 分钟。

烤好后，切成长条状即可。

图书在版编目（CIP）数据

家庭烘焙制作大全 / (韩) 李智惠著 ; 李艳译 . --
石家庄 : 河北科学技术出版社 , 2020.5
ISBN 978-7-5717-0296-0

Ⅰ . ①家… Ⅱ . ①李… ②李… Ⅲ . ①烘焙—糕点加
工 Ⅳ . ① TS213.2

中国版本图书馆 CIP 数据核字 (2020) 第 005525 号

家庭烘焙制作大全

[韩] 李智惠 著　　李艳 译

策划制作：北京书锦缘咨询有限公司（www.booklink.com.cn）
总 策 划：陈　庆
策　　划：邵嘉瑜
责任编辑：刘建鑫　原　芳
设计制作：王　青

出版发行　河北科学技术出版社
地　　址　石家庄市友谊北大街 330 号（邮编：050061）
印　　刷　河北景丰印刷有限公司
经　　销　全国新华书店
成品尺寸　170mm × 240mm
印　　张　13.5
字　　数　160 千字
版　　次　2020 年 5 月第 1 版
　　　　　　2020 年 5 月第 1 次印刷
定　　价　68.00 元